DAKEXUEJIA JIANG DE XIAOGUSHI
YU NIAOER YIQI FEIXIANG

郑作新◎著

与鸟儿一起飞翔

大科学家
讲 的
小故事

DAKEXUEJIA JIANG DE XIAOGUSHI

U0353540

湖南少年儿童出版社

　　我生于20世纪初，现已面临21世纪，也算得上是个世纪老人了。我目睹了这个世纪风云的变幻，看到了新中国的诞生与成长，可以说我是这个世纪历史的见证人之一。

　　我非常热爱祖国，我们的中华民族是以历史悠久、地大物博著称于世的。勤劳勇敢的人民曾创造了以四大文明为标志的古代文明，炎黄子孙都引以自豪。到了19世纪，世界上很多国家已进入资本主义社会，他们经过工业革命，经济飞速发展，从蒸汽时代发展到电的应用。而那时的中国在清朝政府的统治下，闭关自守，经济发展缓慢，贫穷落后。落后就要"挨打"，帝国主义用枪炮打开了我国的大门，签订了一系列不平等条约，割地，赔款，他们的军舰可闯入内河，他们的商品可以不收关税倾销到中国

来，"洋面""洋布""洋烛""洋油""洋钉"……充斥市场。中国成了一个半封建半殖民地国家，人民处在水深火热之中。幸有千百万儿女，为维护祖国母亲的尊严进行了不屈的抗争，谱写出一部英雄辈出的奋斗史。我希望青少年们永远不要忘记落后就要被人欺侮的历史教训。

千百万人的流血牺牲，换来了新中国的成立，中国人民站起来了，真是扬眉吐气。可胜利来之不易，一定要珍惜胜利成果，把国家建设得更富强，使敌人不敢来侵犯。

怎样才能建设好我们的国家呢？邓小平同志有句名言叫"实现人类的希望离不开科学"，他又指出"科学技术是第一生产力"。就是说科学技术对当代生产力发展和社会经济的发展起着第一位作用。

近代科学技术的诞生只有300多年的历史，18世纪的工业革命使人类进入工业社会，19世纪以电的应用为标志的技术革命，为现代社会的发展奠定了产业基础。20世纪是人类历史上科学技术进步最为辉煌的时代，短短100年的成就，远远超过过去几千年人类知识积累的总和。21世纪必将是更加辉煌的科技革命的新纪元，不仅会有科学理论和技术创新的突破和一些新兴科学技术领域的出现，而且随着信息时代的发展、各种航天器的发射和克隆动物的诞生，科学技术会更快地发展，改变世界，改变人类的生活。

科学是客观真理。历史上有很多科学家为坚持真理而献身，如天文学家布鲁诺被活活烧死，伽利略被终身监禁。我希望更多青少年能确立为科学而奉献、运用科学为人类谋利益的理想。

　　研究科学必须有实事求是的作风，任何弄虚作假、轻狂浮躁都是极其有害的；科学活动既复杂又艰辛，要有坚强的意志；科学又像是博大的海洋，只有谦虚谨慎、勤奋努力，才能有所收获，有所前进。我在这本书中叙述的一些经历，希望能对青少年朋友有所启发和帮助。你们要从小热爱科学，热爱大自然，为振兴中华建功立业，为我们的民族永远立于世界之林而奋斗。

郑作新

1997年1月

生命之树仍然一片葱绿

1996年，我迎来了90岁的生日。

90岁，我不知道青少年是如何想象这垂暮之年的形象的，我自己觉得生命之树仍然一片葱绿，生活在改革开放的盛世，我心中充满夕阳无限好之感。

孩子们过生日都是很高兴的，因为又长大了一岁；我这个90岁的老人过生日同样是很高兴的，因为人说"人生七十古来稀"，而我已90岁了，还在从事我热爱的、终生为之奋斗的鸟类学的研究工作。

孩子们过生日很高兴，还因为能得到礼物和祝福；我这个老人也因为在90岁生日的时候得到奖励和祝福而高兴。

1996年最让我高兴的有三件事，第一件是第二届海峡两岸鸟类学术研讨会在内蒙古呼和浩特市召开。二是我获得了求是科学基金会颁发的科学奖。三是我被世界雉类协会推选为终生会长。

第一届海峡两岸鸟类学术研讨会是1994年1月在台北召开的。为进一步研究我国鸟类，当时决定两年后在内蒙古举行第二届研讨会。

1996年8月的一个阳光灿烂的日子，会议如期在呼和浩特举行，台湾的学者来到这里，与祖国大陆的学者进行学术交流。中华儿女欢聚一堂，其意义已不仅仅是学术上的盛会了，研讨会充分表达了两岸学者"只有一个中国，反对分裂"的意愿。

这次研讨会征集两岸学者大量论文，从中筛选出60余篇，编辑成《中国鸟类学研究》一书。这本书基本上反映了我国鸟类学现阶段的研究概况。

学术研讨会的召开与《中国鸟类学研究》一书的出版，是中国鸟类学界的盛事、喜事，书的封面上还冠以"郑作新院士90华诞暨第二届海峡两岸鸟类学术研讨会纪念"的副标题。书的前言写道：

首先，我们要庆贺郑作新院士90华诞以及他在鸟类学界的突出成就和卓越贡献。众所周知，在动物学领域中，鸟类学在物种识别、系统发育、行为进化、迁徙与定向等方面，均居于领先地位。中国是世界上鸟类种类最多的国家之一，迄今所知，共有1244种，占世界总数的13.5%，而中国鸟类学研究的广度、深度和速度，在郑作新院士半个多世纪的指导、倡导和影响下，也处于我国动物学发展的前沿。

郑作新教授是中国科学院院士，中国现代鸟类学的奠基人，中国野生动物保护协会、中国动物学会、中国鸟类学会、北京自然博物馆等事业的发起人和领导人之一。在国际上，为英、美、德等国鸟类学会的终生通讯会员或荣誉会员，世界雉类协会会长，国际鹤类基金会顾问，国际鸟类学大会（1994—

1998）名誉主席。曾获得国家和中国科学院自然科学奖、科学进步奖、野生动物保护终身荣誉奖等共十多项次，同时又获得美国的国际自然保护特殊成就奖。他是中华瑰宝，享誉世界。

我认为这对我是过誉了，即使我在科学研究工作中取得了一些成就，也是与党和政府的关心、支持分不开的，我仅是整个事业中的一颗水滴而已。

1996年让我高兴的另一件事是，我获得了求是科技基金会颁发的科学奖。

1996年8月30日，在北京新建成的中国科技会堂的二楼礼堂，举行了隆重的求是科技基金会"杰出科技成就集体奖"的颁奖大会。我是《中国生物志》的8位得奖人之一。在威武雄壮的乐曲声中，中国科学院当时的院长周光召同志向我们颁奖，我的心情非常激动。这个奖是对我一生为中国鸟类研究事

周光召向郑作新颁发求是科技基金会"杰出科学技术成就奖"。（1996年，北京）

业呕心沥血的劳动的肯定。

求是科技基金会是香港企业家查济民先生及其家族于1994年初在香港创立的。基金会的宗旨是推动中国科技研究工作及奖励在科技领域里有成就的学者。该基金会顾问、著名数学家陈省身教授说："我们会使中国科学家的成就享誉国际，有如中国当年乒乓球国手一样，扬威国际，受人赞赏。"

我们所写的《中国生物志》分脊椎动物、无脊椎动物与植物三大门类。鸟纲属于脊椎动物中的一个纲目，计划出书14卷，现已完成9卷。这9卷中有6卷是我主编的，最近我主编的《鸟类志》的第一卷也已付梓。

这次受奖，说明了现在科技事业不但得到政府的支持，而且也得到社会上越来越多企业家的关注与重视。查济民先生是其中的一位，霍英东、蔡冠森先生也是这样的有远见卓识之士。这些都表明我国的"科教兴国"的战略受到更为广泛的认同，得到更好的落实。

这次颁奖会后，一天我收到一封信函，这封简单又亲切的贺函写道："阅报欣悉香港求是科学基金会1996年颁奖大会今日在北京中国科技大会堂举行，佳音传来，谨此肃函祝贺……科学家的成就对国家所作贡献是无法以金钱的多少来衡量的，阁下的研究和发明对人类的贡献是无法估量的，阁下在科学上的贡献，实至名归，可喜可贺。"这封信是香港方润华先生写来的，我与他素昧平生，他的贺函反映了人们盼望祖国的强盛与"科教兴国"战略落实的心愿。

1996年让我很高兴的第三件事是，我被世界雉类协会推选为终生会长。

世界雉类协会是在1975年创立的，最初是由英国的一些鸟类饲养学家组成，他们对濒危的雉类进行人工饲养和繁殖，以防止它们的绝灭。后来该组织成为国际公认的整个鸡形目鸟类的保护组织。为促进世界各国鸟类学家的学术交流，协会几乎每隔4年召开一次国际学术讨论会。

　　1978年，英国世界雉类协会来函，邀请我参加在苏格兰召开的年会。当时，我已73岁。这次会议有来自英、法、美、德等国的七八十人参加。在会上我作了《中国的松鸡和墨琴鸡》和《中国雉类的地理区划》等学术报告，受到与会者的欢迎。当地报纸对此作了报道，广播电台邀我讲话，协会的会刊还发表了我的报告。会议结束时，我被选为该会副会长，1986年又当选为会长，1996年被推选为终生会长。他们以此作为庆贺我90岁生日的礼物。在该协会历史上，由中国人当会长还是第一次。我想，这是出于他们对中国的尊重与重视吧。我是为此才感到高兴的。

　　当生命之树刻下90年轮之时，回顾我的一生，我有许多话想说。我想讲讲过去，也许对青少年朋友会有所启发和帮助。

郑作新在北京。（1996年）

　　现在，每当我听到"世上只有妈妈好"的歌声时，总禁不住要停笔静思，深为自己过早地失去母爱而伤感。因为在我5岁时，母亲陈水莲就因病去世，从那以后，是慈祥的祖母抚养我长大。她老人家把一片爱心倾注在我身上，她是我最早的启蒙老师。

　　我的父亲郑森藩（守仁）当时在福州盐务局任职，经常被派往各地联系业务，长年在外，家中就剩下奶奶、妹妹和我3人。奶奶郭仁慈当时已年过半百，但身体健壮。她除操持家务外，还要做些女红以补贴家用。她小时候聪明好学，虽然没进过学校，可也认识字，能阅读书刊。她记忆力好，给我讲过许多故事，其中我印象最深的要算精卫鸟填海的故事了。

　　奶奶说："很古的时候，有个炎帝。他有个女儿，名字叫女娃。女娃长得浓眉毛，大眼睛，好看极了。她不光长得非常漂亮，而且聪明、勇敢。这么好的孩子，炎帝当然喜欢她，总希望她待在自己身边。可是，女娃却想到处走走、看看，想到更远的地方去。有一天，女娃摇着一只小船，划进了大海。

　　"大海风平浪静时，女娃可以划着小船漂得很远。这时候女娃觉得就像坐在摇篮中，像躺在母亲的怀抱里，舒服极了。有时候，海面风急浪高，浪头一个接一个地向小船涌来，大风吼叫着，大海像一头发怒的野兽，把小船一会儿举上天，一会儿又摔到万丈深的漩涡里，真是太可怕了！可是，勇敢的女娃一点也不胆怯，她迎着风浪，在大海中拼搏。

　　"有一天，女娃又划着船出海。划着划着，突然天气变了，大风呼呼地刮了起来，大海也变了脸，黑色的大浪蹿着跳着向小船打来。女娃的小船像一片落叶，颠来簸去。猛然，一个大浪劈头盖脑地砸下来，小船翻进海里，啊哟，女娃被大海吞没淹死了。

　　"女娃死后，变成了一只鸟，这只鸟就是精卫。精卫长得很美丽，白色的羽衣，深红色的嘴，橙黄色的脚，善于飞翔。精卫飞到大海边一座多岩石的山上安了家。它发誓要向大海报仇雪恨，要把大海填平。大海知道了'嘿嘿'冷笑起来，它冲着山上的精卫喊道：'你填吧，你填不了，我不怕你！'

　　"精卫鸟不声不响，一会儿衔来一个石子，一会儿又叼来几根树枝，从早到晚，不停地衔啊，叼啊，不停地填哟填哟。今天填一点，明天又填一点，一天两天，一年两年，日积月累，越填越多，大海的冷笑声也随之越来越少，越来越小，快听不到了。

　　"后来，精卫还同海燕结了婚，生了两个孩子，男的像海燕，女的像精卫，它们也加入了填海的行列，每日衔啊，飞啊，填啊……精卫鸟填海不止。"

　　奶奶讲到这里，总要停下来问我："你说精卫鸟的决心大

郑作新（后排左1）与夫人（前排左1）、祖母合影。（1936年，福州）

不大？毅力大不大？"而我却急着问："精卫鸟还在飞吗？"
"精卫鸟还在填海吗？"当然奶奶答不上这些问题，但我的脑海
里总在思索这个精卫鸟的传说。

多少年过去了，精卫鸟填海的故事一直深深地印在我的脑
海中。这个神话故事表达了我们祖先征服自然、改造自然的美
好愿望和进取的精神。每当我想起这个故事，总好像看见精卫

鸟在万里晴空展翅飞翔，它叼来石子、草根，日复一日地填海；我又仿佛看见在狂风暴雨的海面，精卫鸟搏击长空，把一块块石子抛向海里。精卫鸟那种不屈不挠、锲而不舍的精神在不知不觉中影响了我。它培育了我干什么事情都坚持不懈干到底的坚韧毅力，也激发了我探索大自然奥秘的兴趣，更滋养了我的一个与飞翔的鸟儿有关的朦胧梦想。

郑作新在动物所办公室。(1982 年)

从小养成好习惯

　　我从小爱好广泛，既爱玩沙土，用沙土盖房子、堆沙丘，也喜欢各种小动物。逮蟋蟀、钓螃蟹、捞河虾，也很开心。但最喜欢的还是翻书看，把父亲书柜里的各种书籍翻看了一本又一本。我特别爱看生物书，书上的花草鱼鸟的插图我看了又看，还不断地问奶奶："这是什么花？""这是什么鸟？鸟为什么会飞？"连几何、物理、化学书上的图形、实验图都要问，问得奶奶答不上来才罢休。

　　开始我翻书，翻一本扔一本，桌上、椅上，甚至地上都扔着书。奶奶看到这样乱，就要求我看完一本书放回原处，再拿一本，每次书都要码放整齐，便于今后查找。同时，她也要求我对其他的物品不乱扔，都放到固定的位置。渐渐地我就养成了一些好习惯。这些习惯对我以后从事科学研究工作很有好处。我总是将有关书籍、资料放得有条有序，现在我虽已90岁了，还能在成堆的各种书刊资料与文稿中，准确地找到所需要的资料。这当然与记忆力有关，但良好的学习与生活习惯也给我节省了不少时间，提高了工作效率。

我6岁开始上学。因学校距家不远，所以每天都是独自去学校。在学校上课能专心听讲，回家总是自己复习功课，从来不用奶奶督促。当我能认识几百个字后，竟看起课外书来。奶奶看我那么喜欢看书，就与爸爸商量，打算放学后送我去一所私塾念古文。爸爸当然同意。这样我就去私塾跟一位老先生学了几年古文。从背唐诗开始，学了许多古诗词，有的还能背得滚瓜烂熟。小时候学的这些古文，给我打下了一个阅读古籍的基础，并且对我以后的科研工作也有很大帮助。我在论证"家鸡的起源"和撰写我国鸟类史时，要查找许多古籍。在阅读著名的《诗经》、《论语》、《禽经》、《尔雅义疏》等书时，就不感到困难。现在回忆我上中学与大学时学的古文并不多，这些古文阅读能力就要归功于我幼时的私塾教育了。

　　我学习也有特点。例如学习地理，总要对照地图，把课本上的地名在地图上找一找，看看这个地方的"左邻右舍"，这样对它的位置就记得很清楚。我的地理成绩一直是优秀。这个基础对我以后研究动物地理学很有帮助。我觉得青少年时期的

郑作新在工作中。（1994年）

学习都是打基础，这些知识说不上什么时候就用上了。古人说过："书到用时方恨少。"这是很好的经验总结。为了将来有所成就，在中小学阶段，各门功课都应该学好。

此外，父亲总要求我"今日事今日毕"，这句话成了我这一生的座右铭。无论是学习、查阅资料，还是搞科研、撰写论文，我每天都按计划完成。身体好的时候，有时熬到深夜也要把当天的事做完；年纪大了，爱忘事，我就坚持写工作日记，合理安排每天的工作，直到今天。

郑作新在家中书房留影。（1993 年）

中学毕业前夕，学校举行运动会。那时我才15岁，按年龄被编到少年组参加比赛。学校规定每人只许参加三项比赛，我报了100米跑、跳远和三级跳远三个项目。

运动会当天，周围挤满观众，不但有全校师生，还有老师的眷属以及学校附近来看热闹的居民。比赛一项接一项地进行着，成绩也随着比赛的结果一项一项地被登榜公布：

"100米第一名，郑作新。"

"跳远第一名，郑作新。"

"三级跳远第一名，郑作新。"

我得了三项第一，而且还是全校个人总分第一，老师同学都来向我祝贺，学校还奖我一个奖杯。我很高兴，把奖杯拿回家给奶奶看。奶奶高兴之余还带我去照相馆拍了张照片，寄给父亲。

其实，我取得这样好的体育成绩还得益于我父亲的教育，这要从我一次生病说起。

我升入中学后，除了完成作业外，就喜欢读书。家里那时

郑作新与父亲在一起。后中为郑作新，右为夫人。（上世纪 50 年代）

没有电灯，晚上是一支蜡烛或一盏油灯陪我读书到深夜。有时奶奶一觉醒来见我还在看书，总是爱怜地催促我早点休息。终于有一天，我捧着书阅读时，只觉得眼前金星闪烁、跳跃，接着一片漆黑，我晕倒在地上。这可把奶奶吓坏了，她赶忙请人发电报把父亲叫回家。

爸爸慌慌张张地从外地赶回，帮助奶奶照顾我，等我稍好一些时，他跟我进行了一次严肃的谈话。

父亲问："你几天没去上学了？"

我答："已有一个星期了。"

父亲语重心长地说："你才这一点年纪就病倒一个星期，以后上中学，念大学，学习更繁重，如果没有一个健康的身体，怎能适应今后的学习任务？再说远一点，毕业以后，你还要为国效力，要工作上四五十年，没有一个健康的身体能行吗?"

我点头称是。父亲给我讲了古今中外一些知名人物坚持锻炼身体的故事，真使我有顿开茅塞之感，印象很深。我认识到除念好书之外，还有很多事也要认真地去做。

父亲还告诉我：要学习好，必须加强身体锻炼，只有这样才能保证今天的学习，而且还能在今后的工作上挑重担。他要求我"从今日做起"。

从此，我开始注意身体锻炼。我所就读的中学离家较远，我原本是乘车往返，但从那以后，我就改为徒步上下学。虽然要花更多时间，每天还要早起，但步行却活动了全身，走到学校身上已汗津津的了。在学校我也开始参加一些体育活动。我最喜欢的是打乒乓球。我是左撇子，左手握拍，既能推挡，又会出对方意外从左边扣杀。同时，我也打篮球与排球。上大学时，还喜欢上了网球，每天下午课后玩个把小时，觉得全身舒畅无比。这个爱好一直坚持到当教授以后，至今家里还保存着一对我30年代使用的网球拍。除打球外，我还参加爬山、攀树、捉迷藏、远足等户外活动。

由于坚持体育锻炼，我的身体日益健壮起来。我的身体素质在中学时代打下了一个良好的基础，这保证了我旺盛的学习精力。在中学期间，由于成绩优秀，我连跳了两级。因此，我不足16岁就高中毕业了。我良好的身体条件还保证了我以后从事艰苦的野外科学考察与科研工作的顺利进行。我在50多岁时还攀登安徽黄山，进行鸟类资源的调查工作；近70岁时还登上吉林长白山的天池。当时助手们要扶我上山，被我一一谢绝了。我连拐棍都未用，爬上了天池，让年轻的同行赞声不绝。

老虎洞探奇

　　我从小就喜欢大自然，把采集的花草做成植物标本，把钓到的蟛蜞用水养起来，观察它们的生活习性。我特别喜欢看蟛蜞是怎样横向爬行的。同时，我对山林里的各种鸟儿更是兴趣无穷。上小学时我已认识了许多种鸟，有时从它们的鸣叫声中就能辨别出是什么鸟。

　　我家住在福州东部的鼓山附近，山上鸟儿很多，而且风景秀美，我经常和同学一块上山。鼓山的半山腰有个驰名中外的涌泉寺，寺中泉水因清凉、别有风味而闻名。当时，富贵人家上山拜佛烧香，常乘山轿。我与同学拾级而上，半天就可以上下。爬山累了时，就在林中观花赏鸟，乐在其中。

　　那时听说鼓山的绝顶峰上有一个老虎洞，里面有凶猛的老虎，不时还有虎啸声从洞里传出。我很怀疑。老虎虽是山林中的动物，但林中若没有灌木草丛，是不适于老虎隐蔽的。在我们福建的华南虎，多生活在有极密丛林的草莽中，附近还应有山涧水溪。老虎一般都不生活在高山之上，更何况老虎的习性是昼伏夜行，怎么会白天吼叫不止呢？我心中不免产生种种疑团，总想找机会去探个明白。

一个周末，我与几个同学相约上山。头一天先上涌泉寺过夜，翌日攀登绝顶峰探秘。那天，天刚有点发白，我们就开始向山顶登攀。从涌泉寺向上看，绝顶峰似乎就在山后，好像一会儿就能爬上去似的。

起初大伙儿有说有笑，山势虽陡，但大家干劲足，一会儿就爬上前面一座山头。站在山头一看，横在眼前的是一座更高的山。大伙儿只得先下山，再爬那座更高的山峰。

南方的山，丛生多刺的荆棘、灌木等，无路可循。我们时不时还碰着悬崖巨岩。绕行或向山峰攀缘，乱草缠脚，蛇虫又多，每步上下都很费力，弄得一身大汗，我真后悔冒失闯进这崎岖不平的山谷间。不觉之间，我们爬了几座山丘，展现在眼前的重重叠叠的山峦开始令人生畏了。这时候有的同伴打退堂鼓，转身返回寺中。我与另外一个同学虽也累得汗流浃背，气喘吁吁，但我想起了精卫鸟的故事，拿定主意，不达目的绝不罢休。终于在太阳快落山时，登上了绝顶峰。

原来峰上有块大盘石，其状如鼓，难怪此山名鼓山了。传说这个石鼓是一次狂风暴雨中从天上坠落下的陨石，因而被视为奇宝。

我们在山顶周围四处寻找，果然发现一个山洞。洞中真有老虎吗？我心中也在"打鼓"。猛然间，一阵可怕的声音从洞中传出。这声音确实让我们吓了一跳，可是老虎并没有出现。隔了一会儿，那声音又一次响了起来。

这是怎么回事呢？

我们经过各方的细察，终于解开了老虎洞的奥秘。原来，由于鼓山的绝顶峰海拔在1000米左右，山顶经常刮着大风。风吹过山洞时，就产生了巨大的声响，远远听去，像是老虎在吼叫，老虎洞因而出了名。

天已渐渐黑下来了，早该回家了。如果从原路返回，非彻夜赶路不可。我们居高临下，四处察看，发现在绝顶峰的侧面有一条山路，依山侧而下。我们沿此路下山竟然不到一小时就回到了寺中。

这次老虎洞探奇给我很大的启示。一方面让我懂得：不论做什么事，只要有毅力，坚持下去，不半途而废，就一定会成功。另一方面还教育了我，不论做什么事，都不能盲目地去干，如果事先摸清楚了情况，便能取得事半功倍的效果。我当时想，下一次再来绝顶峰，我可以带路，走既省力又省时的捷径。再者，我还体会到了探索的乐趣，懂得了对问题要有个追其究竟的探索精神，在科学的道路上攀登，这种精神是十分重要的。

　　我用4年的时间读完中学的课程，这期间我跳过两次级。能取得这样好的学习成绩，主要是靠自己的努力。当时，我父亲在外省任职，在学习上不可能给我什么具体帮助。但他在家时曾注意培养我的自学能力。他从自己求学经历中得到的经验，就是念书要比人家早走一步。他说："当人家在做本周功课时，你应看看下周要学些什么。"又说："寒暑假期应将新学期的功课看一遍。"这就是现在强调的预习。我由于学习成绩好，老师也经常给我一些额外的辅导，提供课外的参考书或练习题，让我从中得到进一步提高。

　　中学毕业后，我想报考福建协和大学，该校在当时是福州一所著名的学府。有一天，我找到大学的招生处。几位工作人员不经意地瞧我一眼，可能他们看我身材瘦小，一脸稚气，不像个高中毕业生。我小心地走到一位工作人员面前，轻声地询问关于入学的问题。

　　"你给谁报名？"

　　"给我自己。"

"你念几年级了？"

"中学毕业。"

"中学毕业？多大年龄？"

"15岁。"

"你叫什么名字。"

"郑作新。"

这位工作人员感到这事不一般，没敢擅自做主。他把我要报考协和大学的情况向教务主任汇报。教务主任听后告诉我，学校规定，年满16岁才能报考，我现在不能报名，只能等明年。

我当时心里很难过，满脸通红，眼泪都快掉下来了。有位老师很同情我，安慰我："你还年轻，复习一年，明年再考也不迟。"我心里想，这一年怎么过？于是回到学校向老师诉说。老师又去找校长，校长朱立德先生很支持我去试一试，亲自给大学写了一封保荐信。这封信写得十分诚恳，加上朱校长在全市和全省都是一位有名望的学者，大学有关人员研究后准许我报名。

我参加协和大学的新生入学考试。开始，老师投来不信任的眼光，有的老师说："怎么找来个孩子考大学？"更有人说："他能考50分就算不错。"

我专心地答完全部试卷。有一位监考老师大致浏览了一遍，认为我考得不错，对我讲："没问题，准能录取。"

在参加外语考试时，我认为考题不难，很快完成了书面试卷，接着参加口试。口试中我对答如流，主考的老师用英语说："你的口语太好了。"从他当时的表情看得出，他已给了我一个高分。

说起学英语，我比一般同学条件好得多。我5岁开始学，一开始学日常用语，记住一些单词后，就看外文书。我的英语启蒙老师是父亲郑森藩和舅舅陈能光。我父亲是福州英华书院的毕业生，英语很不错，所以，他能在盐务局工作，抗战期间还在湖南省江浙中学任校长。舅舅是搞外务工作的，英语是他的工作用语。我母亲去世后，舅舅经常在寒暑假接我到他家里住些日子。舅舅的大儿子陈继善，也就是我的表兄，在美国一家汽车制造厂任高级工程师，他经常寄些英语唱片或原版书刊回国。我与舅舅经常一起听唱片，一边听一边把歌词或朗诵的诗文记下来，有时一遍听不清楚，就反复地听，直到听懂并译出歌词的大意来。把这种艺术欣赏当做学习外语的手段，就是现在强调的寓教于乐，这样我的英语水平就比同学的水平高了。

当然，我的英语学习主要还是靠自己刻苦用功。上中学以后我经常利用一些零碎的时间，勤念、勤记。所以，每次外语考试成绩都很突出。有的同学很奇怪，说考外语前很少看到我复习外语，而和我要好的同学都知道，我学外语是靠平时点点

原福建协和大学在北京的校友聚会。（1991年）

滴滴的积累，是细水长流的结果。

以后我到美国留学，不论听课、作笔记、写实验报告、写论文都未感到困难。有时在国际学术会议上，我还用英语作学术演讲或报告。现在随着改革开放的发展，我还编写英文版中国鸟类学的专著。这些都得益于我年轻时打下的良好基础。掌握了英语，学习其他外语也就不感到困难，以后我还学了法语、德语并懂得一些俄语。

我的入学试卷特别送到教务主任处审阅。教务主任认为我学习成绩已达到录取标准。他们决定破格录取我这个不满16岁的学生。这样，我成为了协和大学有史以来年纪最小的学生。

西红柿和选择生物专业

　　被大学破格录取，对我是一种鞭策，我十分珍惜这个学习机会。协和大学是由美国教会出资创办的，大学里的课程大多是用美国的原版教材，教师讲课也多用英语，幸亏我的英语基础较好，所以听课不感困难。

　　记得在大学一年级时，有节生物课，外籍教师讲解一个关于营养方面的问题。翌日他提问："什么果实含维生素最丰富？"前面几个同学都回答不出来，轮到我时，我答道："是 tomato（西红柿）。"

　　老师满意地问我叫什么名字，并给我一个满分。事后老师还亲切地拍拍我的肩膀，鼓励我要好好学习。以后他还经常指导我看些课外读物，就这样我对生物课的兴趣越来越浓了。当时大学一年级都是基础课，二年级才分系别与专业。我对生物、化学都爱好，不知选哪一个系才好，老师的鼓励，无形中促使我选择了生物系，这竟成为我终生的专业。

　　虽说我在课堂上答出了教师的问题，然而"tomato"这个名称是前一天我看原版教科书时才知道的。究竟tomato是一种什么样的果实，我没见过，更不知晓是什么味道和好吃与否。但"tomato"作为一个问题一直在我脑中。

协和大学采用学分制，每学完一门课程，可以申请提前考试。我用三年半的时间学完大学4年的课程，提前半年毕业了。1926年春，我从上海乘船去美国留学。路经日本时，船在东京港靠岸等待，因当时正值东京大地震，全市被摧毁，我们都想上岸看看实际情况。在岸边的一个水果摊上我看到不少红色的果实，很像我国的柿子，而且价格合适，我们就买了一些带回船上，大家共尝。

不想，吃了"柿子"后个个皱眉咧嘴，都说这"柿子"又酸又涩，不好吃。一个见多识广的广东籍水手告诉我们这不是中国的柿子，而是美国的水果，并说这种水果营养丰富。但他不会英语，讲不出它的名称。我们再不想吃这种水果了，就干脆全部送给他了。

轮船在太平洋中航行了两个多星期，终于到了美国的旧金山。上岸吃饭时，看到商店里摆着我们在日本吃过的那种"柿子"，标签上写着"tomato"，我才如梦初醒，原来这就是4年前我就从书本上知道的西红柿。

"tomato"传到我国时，南方称之为"番茄"，北方叫它"西红柿"。其实它原产于南美洲秘鲁的密林里，当地的印第安人认为它有毒，称之为"狼桃"。

16世纪，一个英国公爵到秘鲁，发现这种枝叶茂盛、果实累累的植物具有观赏价值，于是带回英国，献给伊丽莎白女王。此后，这种供观赏的"狼桃"被各地植物园引种。

18世纪，法国一位画家在给"狼桃"画像时，被它的"美貌"吸引，勾起食欲，决心冒死一试。没想到吃了以后，经过几个小时心惊肉跳的等待，这位画家并没有中毒。"狼桃"终于成了人们的佳果。随着科学技术的进步，西红柿的品种得到不断的改良，涩味与酸味逐渐地减少了，同时又因它含有大量维生素C，其价值被更多的人们所认识，因而被传播到世界各地。

　　我当时怎么也没想到，由于碰巧答对了老师有关西红柿的简单问题而影响了我的一生，我决定攻读生物专业；而西红柿的价值被人们逐渐认识的故事，深深地启迪了我，使我在今后探索真理的道路上勇往直前。

在北京自然博物馆。（1981 年）

捉了一条毒蛇

　　我从小就生活在福建这个气候温湿而多丘陵的地区，因此常遇见蛇。我稍大一些，还学会了捉蛇，也就是迅速地提起蛇的尾巴并抖动，将蛇降服。

　　一次，与几个同学在山坡草丛中抓蛇，我正看准一条小蛇，准备伸手去捉它时，忽感身后有个东西一闪。回头一看，是一条毒蛇正冲着我吐信子（舌头）。我当时急中生智，马上折断一根树枝，用迅雷不及掩耳的速度，朝着蛇的"七寸"打去。这"七寸"处就是蛇的心脏位置，是蛇的要害部位，打这里还可以打断其脊椎骨，使它无法抬起头来咬人。

　　这件事，也让我得到一条教训：捉蛇时千万不可疏忽大意。后来，见的蛇多了，我自以为关于蛇的知识够丰富了。五彩缤纷的蛇，一般是有毒的；而色彩单调或褐色、黑色的蛇，一般是无毒的，中学的教科书上也是这样写的，我当然深信不疑。

　　上了协和大学以后，有一次与几个同学上山。走在路上，忽听有人惊呼："蛇！""有蛇！"大伙纷纷退避，而我仗着有捉过蛇的经验，想靠近看个究竟。我看到这条蛇呈灰黑色，没有鲜明的斑纹，就松了一口气，说："这蛇没有毒。"接着就提着蛇的尾巴兴冲冲地送到生物老师那里。

谁知老师见后立即说："这是毒蛇！马上打死它！"我心中一惊，连忙将蛇打死。老师告诉我，这种蛇毒性很大，对它应做好充分的防范，不然被它咬伤是很危险的。

这时候我脑中产生了疑问，我问道："毒蛇的特征不是色彩艳丽、有鲜明的斑纹吗?"老师说："中学教科书上讲的是一般情况下，毒蛇的头较大、呈三角形，颈部细小，尾短，有鲜明的斑纹等。这里的问题在于'一般'两字。实际上毒蛇和无毒蛇的根本区别，要看它有无毒牙。有毒牙的当然是毒蛇。"

后来我知道毒蛇可分为三类：

福建协和大学生物学会在邵武云坪山采集标本。第二排右二为郑作新，前排右四是其夫人。（1939年）

1. 前沟牙类：前方上颌牙上有一条通毒液的沟，例如金环蛇、银环蛇、眼镜蛇、海蛇等，它们体色大都鲜艳，具有金色或银色的显著环斑。眼镜蛇虽没有鲜明夺目的环斑，但它受激时颈部皮面上会呈现一对眼镜状的大斑。

2. 后沟牙类：沟牙生在上颌骨的后部，例如泥蛇、繁花蛇等。这些蛇头较粗大，而尾较短，毒性比较小，被咬的人一般不会有生命危险。

3. 管牙类：上颌具长形的管状毒牙。例如竹叶青（即烙铁头）、蝮蛇、五步蛇、蝰蛇等。它们的头多为三角形，很易辨认。

由以上分析可以看出，不是所有的毒蛇头部都呈三角形的。在无毒蛇里，也有少数头部呈三角形而斑纹像蝮蛇的，如颈棱蛇。因此，辨别毒蛇的关键是要看它有没有毒牙。

这次捉蛇给我的启示很深刻。我认识到，一方面，应该读书，而且要读得透才行，因为它是前人经验的总结；另一方面，还应看到大千世界，万事万物，各有特征，要到大自然中接触实际，要向有经验的人学习。我以后从事科研工作就是遵循这么一个原则。

几十年来我在野外考察调查中，能够发现许多书本上未写或写得不准确的地方，能够发现鸟类的新亚种，可以说是与关于蛇的思考有关系的。

　　1926年春从协和大学毕业后，在叔父郑守信的资助下，我漂洋过海到达太平洋的彼岸美国，考入密歇根州的密歇根大学研究生院生物系，先后攻读硕士、博士学位。

　　密歇根大学位于美国中部，是当时美国10所名牌大学之一。它是一所公立学校，收费较低。我舅舅的大儿子陈继善在美国麻省理工学院汽车制造专业毕业后，被密歇根州的比叶克汽车工厂聘为工程师，以后是总工程师，待遇优厚。我到密歇根大学念书，就近有这位表哥照顾，比较放心，其实他工作很忙，住处距学校也不近，往往每隔二三周他开小汽车带我去浏览名胜或逛市场，有时也去饭馆就餐。但按美国生活习惯，我的学习与生活费用还是靠自己半工半读解决。

　　由于我英语有基础，打工并不困难。开始在医院打杂，每天晚上要到8点以后才能读书。那时我主修胚胎学（现称生物发育学），此外还选修遗传学、动物地理与分类学，以后还学习动物化石、分布学及德语等，每天学习的时间排得满满的。

　　后来，我的导师奥克伯（Okkelberg）教授知道了我在医院打工，每日往返要花费许多时间，就建议系里让我负责饲养小白鼠，以获得一些经济资助。具体任务是将小白鼠编号，分别养在铁丝笼里，每日为它们配饲料、搞卫生，并记录它们的活动、配对与生育或死亡的情况。

所养的小白鼠数量常有变化，有时多达百笼以上。它们是用来做科学实验的，事后我才知道是用它们来研究癌细胞的扩散与控制。因而，所记录的数据要求非常准确，不能有半点含糊与差错。这一项工作花费我不少时间和精力，加上功课繁重，往往连星期天也不得休息。回想在国内学习期间，经济上有父亲提供保障，能经常与同学一块远足旅行，以及进行各种体育活动，条件比这里宽松多了。尽管这样，在留学期间，我仍保持着旺盛的进取精神。

一年以后，由于我学业成绩突出，研究院聘任我为研究助教，这时我才开始有固定的工资收入。又过一年，我获得研究院颁发的奖学金，同时还得到中华教育文化基金委员会的研究津贴，这样我才不必再为生计奔波，而能安心从事学习与研究工作了。

密歇根大学位于该州Ann Arbor小镇，环境优美，学术气氛很浓。全镇的饭馆、商店、书店、银行几乎就是为大学的师生服务，连镇上许多居民也是靠租借房屋给学生来增加其收入。当时，这所大学设有Barbour奖学金，这是Barbour先生在我国任职期间，看到当时我国妇女的社会地位低下，于是将自己的遗产设立奖学金，用来资助我国女性学生到美深造的。因此，在密歇根大学能见到许多从祖国来的女学生，其中著名的有吴贻芳、王世静等，她们以后返回祖国，多在南京金陵女子学院、福建华南女子学院任教。

我们这些留学生，平时因为学习、打工各忙各的，很少来往。偶尔聚会，由于各讲各的方言，什么广东话、福州话、上海话……大家无法交流，普通话许多人又不会，所以只好用英语交谈。这种感受对我们留学生来讲是很特异的。社会要发展与进步，交流就必然会增加。用现在的话说就是要接受新的信息。我们当时语言不通，不仅给生活带来不便，而且也影响到科学、文化的交流与传递。

　　密歇根大学也很重视体育，每学期注册交费时，学生必须同时购买一本观看橄榄球赛的门票。学校球队参加比赛时，一般师生都去助兴，每看一场撕一张门票。橄榄球在美国十分流行，比赛场面十分激烈。运动员在场上激烈地抗争，奔跑速度、传球技巧以及勇往直前的气概、集体主义的精神能得到充分的体现。每次校队出征，都要举行仪式，学校铜管乐队奏校歌，有时校长还要出席，仪式非常隆重。

　　我刚入学时，没有时间观看比赛，以后当了研究助理，才有机会去看比赛。这种美式橄榄球在学校很普及，各系都有自己的队。在橄榄球运动的带动下，学校其他体育运动也得到广泛的开展，我也经常参加体育活动。

郑作新在美国任客座教授。 (1946年)

在密歇根大学研究院学习4年，我的生活一直很俭朴。当时在学校附近租了一间10平方米的小屋，屋里仅有桌、椅与床，供我休息与学习用。一日三餐都是在附近小食店或摊上解决。早晨是面包，中午是"热狗"，实际上就是面包夹香肠，外加牛奶、橘汁各一杯，晚上到中国餐馆吃碗面条或米饭。只有表兄来看望我时，生活才改善一下。多年来，我在生活中从来没有过高要求，总是以苦为乐，潜心进行学习与科研工作。在留学的第二年我就开始写论文，校刊上曾登过我的文章，校刊编辑也曾鼓励和具体帮助我修改论文。以后我的论文还在美国与德国的学报上发表。我感到学有所成比山珍海味更为味美，也更为重要。

解剖一只青蛙。

再解剖一只青蛙……

把解剖了的青蛙放在显微镜底下观察其生殖腺发育的情况。

在密歇根大学的实验室里，我不知解剖了多少青蛙，后来终于有所发现。

我在密歇根大学研究院进修的专业是胚胎学，这在当时算是个尖端的科目。在我就读该研究院两年后，我先后写出《林蛙的雌雄间性现象》、《林蛙蝌蚪的雌雄间性》、《林蛙生殖腺低育现象》等论文，并在校刊上发表。同时，我在研究院获得硕士学位。

在以后的两年中，我又在对林蛙生殖细胞发育全过程的研究中继续有新的发现，并写出毕业论文《林蛙生殖细胞发育史：Ⅰ.生殖细胞的起源与生殖腺的形成；Ⅱ.性别的分化与发育》。这篇论文被研究院选送到德国科学刊物《细胞研究和超微形态学报》上发表。

在20世纪20年代，科学界普遍认为德国的科学技术发展程度远远超出美国。因此，德国的科技杂志上很少刊登国外的论文。但我这篇用英文写成的研究论文，对胚胎学的研究有新的发现，其中一些见解有新意、有创见，被誉为当时胚胎学研究方面的一篇杰作。

我当然也很兴奋，但在一片赞扬声中，还能保持清醒的头脑。我知道这仅仅是自己在科学研究的道路上迈出的第一步，今后的路还长，研究工作还很艰辛，可以说"任重道远"。

1930年6月，学校举行了隆重的毕业典礼，会上校长发表了演说，特别提到各系的成就。接着颁发博士学位证书。我当时23岁，是全校最年轻的博士。会后生物系还给我颁发一个特别奖——"金钥匙"奖，它是一把装在锦盒里的金色钥匙。

"金钥匙"奖是美国大学研究院奖励成绩优异学生的荣誉奖。其寓意是用它去开启科学技术的大门。我内心非常激动，牢记住师生们这份深情厚意，同时也坚定了在今后的科学研究中不断攀登高峰的决心与信心。我一直珍藏着这把"金钥匙"，它是我获得的许多荣誉中最有意义的。

金钥匙奖

密歇根大学是一所历史悠久的名牌大学，校内有一座收藏丰富的博物馆，里面陈列着来自世界各地的生物标本。我从小就喜欢动植物，观察、欣赏这些标本成为我的职业爱好。一有时间我就去博物馆参观、学习，与管理人员都熟悉了。

一天，我正在博物馆里参观。展室中动植物标本琳琅满目，使人眼花缭乱。尽管标本可以使我开拓眼界，可是没有一件能使我动心，因为这些标本再好也都是人家美国所有的。走着走着，突然，一只艳丽的大鸟跃入我的眼帘，走近一看，竟然是产自我国的金鸡。

金鸡，背部是鲜艳的金黄色，颈部围以橙棕色缘以黑边的扇状羽，似是披肩；腹面通红，尾长，桂黄与褐色波状斑相间排列。真是五彩缤纷，绚丽夺目。

在金鸡标本面前，我顿时陷入了沉思。记得以前曾听人说过，进入陕西省宝鸡市之前，有个小山包，叫金鸡岭。"宝鸡"这个地名就是由于该地产有金鸡而得名。那是金鸡的故乡。

郑作新收藏的金鸡邮票首日封（1978年）

　　我站在标本面前，浮想联翩。我似乎看到在远离美国的太平洋彼岸，在祖国腹地，有一只金黄多彩的金鸡在秦岭之巅、渭水之滨鼓起双翼，飞上祖国蔚蓝的天空。同时，我又感到心情沉重，为何我国的特产却被外国人采得并由外国人命名呢？

　　其实，我们的祖先早就开始了对鸟类的观察和研究。在《诗经》这部距今约3000年的诗歌总集中，第一首诗的第一句就是"关关雎鸠，在河之洲"。《诗经》写到鸟的地方，竟然有100处之多。在汉代学者编写的《尔雅》和明代李时珍的《本草纲目》以及王圻父子的《三才图会》中有关鸟类的内容就更丰富了。历史有力地证明，我国是最早开展鸟类观察研究的国家之一。

　　近二三百年来，当欧洲经济、科技迅猛发展的时候，我国却仍在封建制度下实行闭关锁国的政策，以致到清朝末年，政治腐败，经济衰退，科学教育严重落后。

　　记得在我13岁那年，爆发了伟大的"五四"运动，福州的工人罢工，商人罢市，学校师生罢课，强烈反对北洋军阀政府在巴黎和会上签订丧权辱国的协定。我在高年级同学带动下，也参加过一些集会，明白许多爱国的道理，开始关心国家大事。在当时，我国先进的知识分子都寻求救国之路，我认为落后、贫穷的祖国，必须依靠先进的科学文化来拯救，于是我选择了走科学救国的道路。我努力学习科学文化知识，不远万里到美国求学，就是立志要为祖国争光，为我们中国人争气。

记得我在中学念书时，同两位老师日相接近。他们见我用功，思想活跃，时有出人意外的动作，如自制粉笔、嫁接树枝等等，因而对我另眼看待。还有两位比我高一级的高材生，我们5人经常在一起叙谈，还自称是"国家的灵魂"哩！黄觉民老师年纪较大，经验较多，后曾任福建科学院院长。他很关心国计民生，经常问我将来上大学要专攻哪一门专业，鼓励我搞科学。他认为诗词歌赋虽然风雅，但救国还得靠科学。我在美留学时常想这个问题，那时根本不知道社会主义救国的道理。

在金鸡标本面前，我思绪起伏。金鸡，是我国的特产鸟，是祖国的宝贝，怎能归外国人所有？我国地大物博，资源丰富，日后开发利用金鸡，有利民生。这个思路益发使我强化了务实爱国的念头。我认为，作为中国人，最有权利研究它。当时我国近代鸟类研究工作几乎是一片空白，于是我暗下决心，一定要填补这个空白，为振兴我国的鸟类科研事业而努力。

我的抉择，意味着要改变自己研究的专业，从熟悉的并已初有成果的胚胎学，改为尚不熟悉的鸟类学，这还意味着我要放弃在美国继续研究与工作的机会，回国去填补鸟类研究的空白。

当时，福建协和大学也数次来函，诚恳邀请我返回母校执教。这更坚定了我回国的决心。我婉谢了密歇根大学导师的盛情挽留，决定回到生我育我的故乡——福州。

在办理归国手续期间，我的心早已飞回祖国，飞回我思念的鼓山。鼓山的石阶、草坪、奇峰、岩洞，高大挺拔的松树，松林间的松鼠，树丛中的鸟儿，五彩的蝴蝶是那样地令我魂牵梦萦。坐落在鼓山麓魁岐村的协和大学，依山傍水，环境幽静，风景秀丽，胜似公园，它永远是我心目中最有吸引力的地方。我怀着憧憬与希望踏上归途，奔向新的生活。

我选择了回国之途，选择了鸟类学，对此抉择，我终生无怨无悔。

郑作新（左1）参观北京自然博物馆。（1986年,北京）

1930年9月，我回到朝思暮想的故乡。

家乡变化不大，但阔别4年的校园却建设得更加整齐、气派。

校长林景润热情地欢迎我返校并聘请我为生物系教授兼系主任。当时，学校教师有限，我要讲授普通生物学、脊椎动物学、胚胎学等课程。

当时学校使用的是美国原版教科书。原版教材有许多地方不合我国国情，为了让实验标本与美国教材配套，学校还得从美国进口教材上所记述的蚯蚓，及动脉、静脉采用不同颜色药剂注射的青蛙标本等。我主张我们中国的学校，应该有适合我国情况的中文教材，就是实验用的标本也应采用当地的，尤其在生物学方面，美洲与亚洲有许多差异，完全照搬美国的教材是脱离实际的。于是我开始编写适合我们国情的教科书。

一年后，我用中文撰写的《大学生物学实验教程》完稿。恰逢上海商务印书馆组织大学丛书委员会，聘李四光、秉志、蔡元培等50多人为委员，我写的这一本经审查后，就作为大学丛书之一出版(1932年)，成为国内第一本中文版大学生物学用书。

随后又陆续出版了《普通生物学》《脊椎动物分类学纲要》等书。这些教科书被当时的大学生物系采用为教材。到20世纪60年代，在北京举办的港、澳、台图书展览会上，有人看到《普通生物学》一书已在台湾出版了第7版，可见这些教材还是很受欢迎的。

在当时美国办的教会学校中，我改用中文教材是要冒很大风险的，甚至有被解聘的可能。要出版这些中文教科书也是困难重重，有的还要自己掏钱出书。我这样做是符合当时爱国潮流的，得到广大学生的支持，我的行为也鼓舞了许多要求进步的学生。

当时学校里的美籍教授讲课都是用英语的，这对提高学生的英语水平有好处，但对多数刚进大学校门的学生来讲，完全用英语讲课，他们在接受知识方面存在着一定的困难，所以，我从实际出发，大胆地运用普通话讲授这些课程。尽管我当时的普通话带有浓厚的闽腔，但师生口音彼此相似，学生还是能听懂我说的话。再加上我比较接近与了解学生，讲课内容能从他们的实际出发，甚至还能运用学生的语汇来传授当时生物学方面的最新研究成果，并且亲自带他们做实验与到野外考察，所以，我当时讲授的几门课程都很受学生欢迎，这是洋教授和我无法相比的，尽管当时我只是一个20多岁的年轻教授。

在美国任客座教授的郑作新。(1946 年)

　　人的一生，应该读各种各样的书，有的书是形诸文字的，而有的书则写在无边无际的天空，写在烟波浩淼的江河海洋，写在险峻的高山，写在茂密的丛林，写在绿茸茸的草地上，写在色彩缤纷的花朵中……大自然本身就是一本无穷无尽的书。

　　我在协和大学任教时，就在学校组织了"生物学会"。每到周末或寒暑假，经常与老师、学生前往城郊的山岭或水域进行考察和标本采集。去得最多的是福建西部的武夷山和东部沿海，其中印象最深的是到川石岛的几次考察。

　　川石岛是闽江口外的一个小岛，方圆约三十里，面眺台湾海峡，襟带五虎哨岩，犹如把守福州门户的威武卫士。岛上山丘起伏，山上设有电报台与气象台，还有从前打击过帝国主义入侵的炮台。山腰岩洞不少，有蝙蝠洞以及传说中的仙人洞等。巨大的海鸥翱翔在海空，不时发出锐利刺耳的啸鸣声。岛上处处树木丛生，鸟声啾啾；海面渔帆点点，视野开阔。真是一幅美不胜收的天然画面。

　　每次乘船上岛后，我们都迫不及待地爬上山岭或下到海里

福建协和大学生物学会在闽江口外川石岛采集标本。右边拿望远镜者为郑作新，后排正中是其夫人。（1937年）

进行各种考察活动。如果遇到海水退潮，更是忙个不停。海滩上留下了蛤蜊、泥蚶以及各形各色的贝类、螺类和水生昆虫与寄生蟹，任你拾捡。有时还能见到小鹬、沙锥等互相追逐，使人想起"鹬蚌相争"的故事。

海岛的自然景观，深深地吸引着我们这些从书斋里走出来的书生们。那怡人的景色，使人久久不能忘怀。每当渔船返航，人人都争相选购各种新鲜的鱼虾，有时还能发现连我们当老师的也不认识的海鲜。在这里见到的海洋生物比在书本里和标本室里见到的都要具体、生动得多。大自然真是一本读不完的书。热爱生物，就应该热爱大自然；热爱生活，也应该热爱大自然。

1941年，《福建协和大学生物学会会报》曾刊登一首由我作词、任启晖作曲的协和大学生物学会会歌。歌词是这样写的：

闽地得天宜，动植特繁奇；
萃志勤砥砺，研讨共析疑。
鼓山幽，闽水滔！
猎迹遍丘陵，网影逐波涛，
满目鹬蚌竞，睡狮亟奋醒，
利用厚生，吾侪勉旃！

今天翻出这首歌词，我仍感到十分亲切，它反映出当年我对生物科学的执著探索和对祖国振兴的期盼，也反映出我们在大自然中得到的知识和快乐。在半个多世纪后的今天，当年老校友聚会或来信，还经常亲切地回忆起当时上生物课的情况。他们至今仍记得参加采集和清晨到野外观鸟的考察活动。可见当时的学习特别是去大自然中学习留给他们多么深刻的印象！我希望今天的孩子们也要多接触大自然，老师和家长要领着孩子们走进大自然。

我要自己去找挂墩

1937年抗日战争爆发。

由于国民党采取不抵抗态度，上海、南京失守，继而是1938年10月的武汉失守，国民政府迁往重庆。不久福州告急，协和大学决定迁往闽西的邵武。那时全校已有学生千人左右，还有教师的眷属，老老小小也有几百人，组织撤离是个大问题。大家只能带些衣物，肩担手提去邵武。

邵武是一个历史悠久的古城，它在闽江上游三大支流之一——富春溪的上游，县城周围有起伏的山峦，处在武夷山山脉的怀抱中。

武夷山地处"东洋界"和"古北界"两个大陆动物地理区交汇的边缘，在不同的高度有着不同的气候条件和生态环境，是多种脊椎动物和昆虫新种的模式标本①的产地。这里有长着角的青蛙（亦名角怪），被古人称为"狡兽"的小猴子王孙，

---

① 模式标本：在发表新种或新亚种时，从所查看的标本中选定的有代表性特征的雌雄标本。

似泥鳅又有四条腿的蝾螈，还有蜂虎、猪尾鼠、穿山甲、蛇以及麂、鹿等等。这里植被茂密，漫山遍野郁郁葱葱，是片浩瀚无边的"林海"，素有"绿色金库"之称。广阔的武夷山区生长着1300多种树木，其中不乏珍贵树种。闻名中外的楠木，木质优良，花纹漂亮，遇火难烧，久浸难朽，是制造工艺品、精密仪器的林材。此外，还有香樟、花榈木、红豆树、栲树、香椿、金钱松、柳杉等。柳杉的树干锯断后，循着年轮可以一圈一圈地剥开，能制成别有特色的热水瓶壳与蒸笼。更值得一提的是武夷山躲过了第四纪冰川的浩劫，许多第三纪以前的"孑遗植物"和"活化石"，仍在这里繁衍生息。我们可以在林海中找到银杏、南方铁杉、鹅掌楸、紫杉的踪迹，也可以看到半枫荷、木莲、水松、天花女的千姿百态。

武夷山还盛产竹类与茶。粗的毛竹，可做脸盆、米斗，此

到挂墩采集。右一为郑作新。（1939年）

外，还有银丝般的龙须竹，以及绿竹、麻竹、毛竹、人面竹等。茶叶以大红袍名闻国内外。在这里还曾发现过头上长肉质角的黄腹角雉、名贵的短尾鹦雀、赤尾画眉及科学上极有价值的蓝鹇。雄性蓝鹇身着闪着深蓝光泽的羽毛，世上罕见。

武夷山茂密的森林与植被，为鸟类提供了丰富的食物与舒适的栖息地，故成为南来北往迁徙鸟类的栖息地与加油站。它是名符其实的"鸟类天堂"，也是我们研究动物分布的"宝地"。

协和大学迁到邵武时，武夷山尚未开发，人们对武夷山丰富资源的价值还没有足够的认识。我是从一本由拉图史（La Touche）撰写的中国鸟类专业书中，知道在武夷山有个名叫挂墩的地方。拉图史在20世纪20年代，就在挂墩采得并偷运出去许多鸟类标本。

我一到邵武，就打听挂墩的具体位置。可是当时交通不便，信息闭塞，没有人知道挂墩这个地方。我只好专程去到县城，向县长探听挂墩的位置。没想到这位县太爷，竟然也没有听说过他辖区内有个叫挂墩的地方。

靠他人指点，我奔向教堂，去找那里的传教士。挂墩这块资源丰富的宝地给传教士们带来很大的收获，他们听了我的询问后，毫不掩饰其自鸣得意的神色，说道："你也要去挂墩？啊！这是个世外桃源……太美了！我们每个礼拜天都有人下去，有人上来，你要去可以跟我们走。"

"跟我们走"这句话极大地刺伤了我。我想这是我们中国的地方，我要自己去找挂墩。

1939年暑期，学校组团往探挂墩。我们一行5人于6月14日整装出发，由邵武向东北沿山径而行。沿途山高林密，泉水淙淙，山鹑鸣声不绝。走了40公里，到达黄坑。大家已走得双脚肿痛，两臂也晒得通红，于是找个地方休息，同时向老乡打探去挂墩的路线。

第二天，由黄坑动身，走了20公里到达大竹岚。所经各地居民稀少，生活贫困。住屋的瓦多以竹叶树皮编织而成，相当简陋。天公不作美，竟大雨连绵，数日未停，浓雾重重，大家只好困居茅楼。直到21日，雨停日出，我们才赶紧赶路。山径崎岖，路滑难行，真是举步维艰。连摔带爬，约走3小时，抵达挂墩，由此可见挂墩距邵武并不远。

在山谷中的挂墩，方圆约30公里，其最高峰约2000米，称为大卫山。山谷中有3个小村落，即上挂墩、中挂墩、下挂墩。每村居民仅数家，以傅姓为多。他们以种茶采笋为生，住屋属竹木建筑，均有上下层，上层辟有一室，用以贮藏茶叶，由楼下烧柴熏之。门前搭有竹棚，像是纳凉或晒衣之阳台，实则供晒茶叶之用。挂墩的地理环境很优越，峰峦环绕，谷溪湍急，清泉四溅。丛林间，群鸟高歌，清脆嘹亮。既有美好的自然景观又有丰富的动植物资源，是块"宝地"。

在挂墩，也有一事让我难以忘怀。村里有一栋

在挂墩采集。左三为郑作新。(1939年)

西洋建筑——教堂，它趾高气扬地屹立于村舍之间，碧眼褐发的传教士进进出出，可见西方国家经济掠夺与文化渗透的触角一直深入到了穷乡僻壤。而更使人不解的是挂墩的山民几乎全部是天主教徒，而且信教已有三代之久。愚昧、落后，是其基础。我当时想，要改变祖国贫穷面貌，将要靠几代人的努力。

我们一行在挂墩观察鸟类，采集标本，于23日离开。我们跋山涉水，日晒雨淋，经三港，越猪仔岭至龙渡。后又经高桥、皮坑而抵黄竹坳。夜里在坳里住宿，次日经曹墩、星村到达武夷名胜天心寺。翌晨再返星村，乘筏沿九曲名溪顺流而下，再转车于26日回到邵武。这次挂墩之行是"满载而归"。

协和大学教务长郑作新一家。（1940年）

  1944年，中美两国商定文化方面互派几位教授进行学术交流。当时分配给协和大学一个名额，我被推举为协和大学的代表，和严济慈（时任北平研究院物理研究所研究员）、梅贻琦（时为燕京大学校长）以及西安、上海的大学各1名代表，一行5人分别前往美国。

  当时协和大学位于福建西北部山区，前后都被日军侵占，汽车、船只不能出境，交通十分不便。国民政府已迁都重庆，出国手续要到重庆办理。从福建的邵武到重庆，只能乘小飞机，且要绕道，旅途十分危险。但是，我专门从事鸟类学方面的研究后，感到手中缺乏资料，许多鸟类的标本尤其是模式标本都收藏在国外各博物馆与研究院。为了使我国鸟类研究能够赶上人家的水平，我必须冒这个危险。

  1945年4月，我从邵武出发，先乘汽车到达福建的长汀县，那里才有机场，可以转乘飞机前往昆明。一路备受颠簸之苦，心想乘上飞机也许会平稳些，不料差点在战火中丧生。飞机途经湖南日军占领区时，受到日军高射炮的猛烈射击，幸未击

郑作新在美国。(1946年)

中，真是险乎其险。以后飞机在湖南的沅陵降落加油。机上乘客为免受饥渴借此机会到附近货摊上购买食物。记得那时一碗面条竟要20元。因为日军侵占武汉、湖南时，许多居民向贵州凤岗一带逃难，沿途一篓钞票才能换得一碗汤面。真是国破家难存！许多百姓流离失所，苦不堪言。

抵昆明后再乘飞机到达重庆，我暂住在路口一小客栈。每日为出国的事奔波，费时20多天终于办妥了出国的各种手续。然后乘飞机沿驼峰航线到达印度，再到伊朗、埃及抵达摩洛哥；再由摩洛哥飞越大西洋，费时两个月，绕了地球一大圈，终于到达美国的华盛顿。

美国虽然也是二战的参战国，但因凭借其特殊的地理位置，战火一直没有烧及本土。它还卖军火赚钱，所以国内经济虽不如前，但还能维持一般状态，与我国满目疮痍的景象形成了鲜明的对照。

美国聘我为"客座教授"，享受教授津贴，待遇从优。我在美国东海岸的十多所大学、研究单位进行学术交流，作学术报告或介绍中国的教育情况；同时也到各地博物馆查看他们收藏的标本和有关研究文献。这对我以后进一步开展我国鸟类的研究十分有益。其间，我的母校密歇根大学曾来函邀我回研究

院从事博士后的研究工作，我因手头工作紧张，只得婉辞。我
冒极大的危险出国来，不是为了追求个人的职位，只想尽快地
学习、搜集资料，回国好开展我国的鸟类研究工作。

郑作新在内蒙古乌拉山采集。（1971 年 9 月）

归来和发表《中国鸟类名录》

　　1945年9月日本投降。华侨们奔走相告，兴奋不已，美国人民也欢呼二次大战的胜利结束。我在这个时候又面临着一次新的抉择：是继续留在美国搞研究，还是返回祖国？我知道经历8年抗战的祖国，已是千疮百孔，百业待兴，自己应为中国的振兴尽一份微薄之力，我的事业在祖国的大地上，我应尽快地回到祖国的怀抱中。

　　我又一次婉言谢绝了密歇根大学的邀约，积极准备回国。这期间虽然广州岭南大学与中山医学院也曾邀我任教，但是我认为自己是协和大学派出去的，理应回到协和大学。次年9月，我终于回到福州，其时协和大学也迁回了福州原址。

　　抗日战争胜利后，国民党政府在美国支持下，积极准备内战，不但军费倍增，而且社会混乱，交通不畅，要想到各地考察禽鸟，简直是"白日做梦"，根本不能实现。那么到国外研究当年列强从我国掠走的鸟类资料，也就是要去英国、美国、德国、苏联等国的博物馆进行调查，这在第二次世界大战后，国际格局进入"冷战"的时代，也是难以实现的。鸟类学研究的事业需要社会的稳定、经济的繁荣及一个和平的环境。

我国疆土辽阔，包含"东洋界"和"古北界"两个动物地理界，因此，鸟类资源十分丰富。要摸清这个"家底"是件十分不易的事。

在当时的社会条件下，我没有等待，我知道人生是有限的，不能浪费时日，必须抓住一切可以利用的条件，扎扎实实地开展中国鸟类的研究工作。

还是在邵武期间，每当晨曦微露，禽鸟最活跃的时候，我就带学生上山。每周绕行全境两三次，每次野外观察2小时左右。这样持续了3年，对当地鸟类的种类、迁徙、居留时间和数量的消长等进行考察，并作详细记录，事后加以分析。1941年，我写成《三年来邵武野外鸟类观察报告》一文，在协和大学《生物学报》上发表。这是国内第一篇有关鸟类种类及其生态的报道，其中列举了野鸟的种类及其生态情况。没想到我在邵武发表的这篇论文竟获得教育部的奖状，我也由此获得"部聘教授"的称号。我因人在福建邵武，与重庆相距太远，交通不便，未去领奖。

从 1938 年至 1941 年，我组织生物学会的师生，每周两三次对邵武周边地区的鸟类进行考察。这是在我国抗战最艰难的时期

郑作新夫妇在福州。（1946 年）

郑作新在家中工作。（1989年）

进行的，在那种环境中，我们坚持科学探索与考察，实际上是反映了我们对科学的执著追求，也显示了我们对抗战抱有必胜的信心。当时参加的师生对这个活动留下了难于忘怀的记忆。如在美国工作的乔元春教授来信，信上说他至今仍记得参加清晨野外看鸟的活动。我可以说当年组织师生的观鸟活动，是我国国内第一个具有现代意义的观鸟小组的活动。

事实上，我们的祖先对鸟类就做过许多观察，远在公元前15至公元前11世纪的殷商时代，甲骨文中就刻有鸟名；汉朝许慎《说文解字》中列有鸟类40种；西汉《尔雅》中列有鸟类78项，每项一般提一种鸟，但也有泛指禽鸟的；明朝李时珍的《本草纲目》提到鸟77项。还有一些古书中也提出一些鸟名。但明朝以后，我国生物科学逐渐不振。科学是继承性很强的知识体系，每一项科学发现都是在前人探索的基础上取得的，因此，我在进行鸟类实地考察的同时，必须研究国内外前人研究的成果。

鸦片战争后，帝国主义列强除对我国进行军事、政治、经济侵略外，也加紧对我国进行文化侵略，他们派人在我国各地调查采集鸟类标本。英国人斯温霍（Swinhoe）在1863年就写了第一篇《中国鸟类名录》，书中提到中国鸟类有454种。1875年，法国戴维等人（David and Oustalet）也发表了中国鸟类专著，其中鸟类增至807种。1926—1927年美国人祁天锡等人（Gee，Moffeett and Wilder）共同编出《中国鸟类目录试编》，随后1931年祁天锡又加以补充修订，其中列有鸟类1093种和575亚种，总共有1668种和亚种。

我利用在美国任客座教授的机会，在美各博物馆进行研究，回国时带回大量的资料，这些就是我的工作基础。

我用全部的节假日来进行细致的核对，发现祁天锡等人编写的《中国鸟类目录试编》，有些是同物异名或材料不实，应该修正或删去的竟有200个左右。至于学名应该予以更正的为数就更多了。

从美国归来的第二年，即1947年，我终于写出了一篇《中国鸟类名录》的专题论文，其中列中国鸟类有1087种，912亚种，总计有1999种和亚种。这是我们中国人首次系统地研究鸟类的专著，它反映出国内对鸟类的研究已达到一个新的水平，为今后进一步开展鸟类学的研究奠定了基础。

人生十字路口

当时正是内战时期，国民党挑起内战进攻解放区。在国民党统治区，由于政府腐败，物价飞涨，民不聊生，各地发生大规模的革命运动。学生则发动了"反饥饿、反内战、反迫害"的示威游行。政府当局屡次下令，禁止学生参加游行，然而当时的学生运动已势不可挡。

5月，协和大学学生不顾禁令，参加全市学生的示威游行。我是同情与支持学生的（曾在校门口送学生上车、上船，嘱他们注意安全）。为此省府以我教导无方通令给我警告处分。

1947年5月底的一天深夜，静谧的校园突然响起人声。我警觉地从床上爬起来。就在这时，我听到有人轻轻地敲门并低声地叫我。我忙打开门，几个同学闪了进来，记得有林天斗、郑钦斌等。他们急促地告诉我，大批军警开到学校，拿着黑名单到各学生宿舍去搜捕学生，他们趁黑逃到这里。我连忙将他们藏在我家的地下室内，并赶往山下阻拦，但警车已离校。

第二天，得知晚上被抓走的学生有30多名。我认为这些都是好学生，于是和校长一块冒着风险，多方奔走，当天才保释了几人，其他被捕的学生也在以后不断努力下，陆续保释，记得有曾世弼、林宇光等。

不久，原校长认为已难于办学，遂离校返美。校董事会又派一位神学院院长来任校长，学生表示反对，并要求让我当校长，还开始罢课。新校长无端怀疑是我从中作梗，我也觉得难以继续在协和大学从事学术研究工作，决心离开。经好友联系，南京国立编译馆聘我任编辑。

我对协和大学充满深情，我的青春年华都献给了这所高等学府，要离开它，真是依依不舍。在我启程的这一天，学生们自发群集码头送行，有些学生还雇了汽艇跟随校船，送我到马尾港，他们高喊着"一路顺风"的祝辞与我惜别。我心情激动，祝福他们学业进步，前程无量。此情此景，永远留在我的记忆里。

我到南京后，就在国立编译馆工作，还应聘兼任中央大学（现南京大学）生物系教授，晚上继续搞鸟类研究。不久夫人陈嘉坚带着4个孩子到达南京，全家又在一起生活。当时物价飞涨，靠工资生活已不敷家用，嘉坚就到编译馆任助理编审，以补家用。

1948年底，在南京的政要纷纷迁往台湾。也有人劝我同往，我面临又一次抉择。

站在人生的十字路口，我反复思量。当时我亲眼目睹国民党的所作所为，大失所望；对共产党又不大了解，只听说共产党要"共产"，心想，"共产"倒无所谓，我又不是地主、资本家，无产可共，最关心的是共产党要不要科学和科学家。我拜访了馆里一位同事（南京解放后证实他是中共地下党员），与他真心诚意、推心置腹地交谈了一次。

在议论了一番当时的形势后，我问：

"共产党需要科学吗？"

他肯定地回答："共产党当然需要科学，需要很多很多的科学家。"

我进一步问："是否需要研究鸟类的人？"

他说："当然需要，各门科学人才都有用武之地的。"

这次谈话好像给我吃了一颗定心丸，促使我下定决心留在南京等待解放。当友人给我送来赴台飞机票时，我婉言拒绝了。

这是我人生道路上一次重要的抉择，我十分庆幸自己选对了路。由于这次正确的抉择，才有我学术上的成就；如果我当时去了台湾，就不可能成为全面研究我国鸟类的专家，也不可能成为一名光荣的共产党员。对我这样一个满怀爱国热情的知识分子来说，留在大陆也是历史的必然。尽管后来的生活道路上发生过一些无法料及的波折，经历了一些磨难，但至今我无怨无悔。

我盼望一个强大的中国出现在世界上，这是多少年来中国人民梦寐以求的。南京的解放，使我看到了曙光。

我和南京人民一起欢庆解放。编译馆工作人员走了一部分，大部分人员都留下来了。社会发生了天翻地覆的变化，一切都那么新鲜。

军管会派人来组织大家学习，学习毛主席的《论人民民主专政》《新民主主义论》等著作，也学习艾思奇写的《大众哲学》，使大家懂得了一些革命道理，坚定了前进的方向。

嘉坚于1949年8月正式参加了南京市妇女联合会的工作。

新中国诞生后，协和大学学生自治会与校政委员会分别来函来电，邀请我回榕任教、任职，还让我在福州的父亲发电催促。当时我一心一意想搞科学研究，所以都一一婉谢了。

领导征询我对工作安排的意见时，我明确表示愿从事科学研究工作。不久，领导正式通知我到北京科学院编译出版委员会工作。我很高兴，匆匆忙忙地办好手续，只身来到首都北京。

到北京不久，巧遇原协和大学学生程恒同志。她1935年离开协大参加革命，并前往延安。当时她怕牵连师长好友，未敢说明一切。解放后，她在中央警卫团任保健医生。她得知嘉坚尚在南京，就介绍她到全国妇联去工作。这样嘉坚和孩子们先后来到北京，我们开始了一种全新的生活。

我到科学院编译出版委员会工作后，领导要我参加筹建动物研究所的工作。当时的动物园有个动物所，只有一个管理人员，我每周去两天，帮助整理标本等。以后人员不断增加，1955年，在中关村建成了动物研究所大楼，我任研究员，还任鸟类研究室主任、动物资源研究室主任、脊椎动物分类研究室主任，这样我可以专心从事鸟类研究了。事实上，对全国鸟类的调研工作也是从这个时期逐步展开的。

南京解放后，郑作新获原编译局表彰，与夫人合影。（1949年，南京）

麻雀的功过和我的证词

现在的青少年可能不知道50年代中期，全国各地曾掀起消灭麻雀的运动。

1955年冬，《农业发展纲要》（草案初稿）中将麻雀和老鼠、苍蝇、蚊子一同列为"四害"。在贯彻《纲要》过程中，全国各地男女老少齐上阵，捕打麻雀，学生停课，机关停止办公。北京城内外锣鼓喧天，让惊逃乱窜的麻雀无处喘息，直至精疲力竭，坠地而亡。在空旷地区则采用网捕、下毒饵等办法，大有将麻雀赶尽杀绝之势。

正在这期间，中国动物学会在山东青岛召开第二届全国代表大会，讨论今后工作的规划，进行学术交流。会上对麻雀的益害问题争论激烈。有人说，麻雀素有"家贼"之称，在广大农村，"麻雀上万，一起一落上担"，它糟踏粮食，应该扑打。可是，也有人提出，麻雀也吃害虫，不该乱打。有人还引证了19世纪发生在法国的一件事。当时的法国政府曾下令悬赏灭除麻雀，凡捕杀麻雀一只，可得6个生丁（100生丁等于1法郎）的奖金。结果麻雀被大量捕杀，破坏了自然界生态平衡，导致果树虫害严重，水果产量锐减，法国政府不得不收回成命。

　　我当时是学会的秘书长，与许多会员一样，认为麻雀和人类经济生活关系最密切，是人们最常见、在我国分布最广泛的鸟。但我们对它的研究还很少，很难给它"定性"。

　　在会议上，我认为应"防除雀害"而不是消灭麻雀本身，会后我还出版科普著作《防除雀害》一书，同时我与同事们在河北昌黎果产区和北京郊区农业区，进行长达一年的调查，共采集848只麻雀标本，对麻雀全年的食性作了详尽的研究。同时，还进行笼养试验，藉以推算麻雀对某种食物的食量。虽然笼养条件与野外环境不同，但由此所得的结果，还是可作为推算的一种根据。

　　实验的结果表明：冬季，麻雀以草籽为食；春季，麻雀下蛋、孵卵，喂雏期间，大量捕食昆虫和虫卵，幼鸟的食物中，虫子占95%；但七八月间，正好粮食成熟，成鸟带幼雀一起离巢，飞往农田，糟踏粮食；秋收以后，麻雀主要啄食农田剩谷和草籽。可见，春夏之交是麻雀繁殖的季节，它们大量捕食昆虫，因而有益处；秋收季节在农作物区和贮粮所，它构成危害；在林区、城市和其他季节，麻雀不造成危害尽可让它自由活动。总之，对麻雀的益害问题，要作具体分析，不可一概而论，要依不同地区、不同季节和环境区别对待。这

是当时在对麻雀一片喊打声中作出的科学结论。

我国政府是很尊重科学家意见的。《农业发展纲要》进行了修正。修正草案指出："在城市和林区的麻雀，可以不消灭。"等到1960年3月毛主席为中共中央起草关于卫生工作的指示时，指出："再有一事，麻雀不要打了，代之以臭虫，口号是：'除掉老鼠、臭虫、苍蝇、蚊虫。'"4月在第二届全国人大二次会议上，副总理谭震林作题为"为提前实现全国农业发展纲要而奋斗"的报告时，专门提到"应当把麻雀改为臭虫"。

没想到在"文化大革命"中麻雀一事却构成了我的"罪行"。有人利用麻雀的问题做文章，责问我："你知道犯了什么罪吗？"我说："不知道。"揭发批判者气急败坏地说："你这个反动学术权威，居然为麻雀评功摆好，反对最高指示。"我听了百思不得其解。我认为麻雀的益害问题是客观存在的事实，我对麻雀功过的证词是有科学根据的。即便在"文化大革命"中，麻雀该吃虫子的时候还是在吃虫子，而且毛主席已经亲自将麻雀改为臭虫了，我何罪之有？

这一经历告诉我，作为科学工作者，探索真理靠的是辛勤劳动，而坚持真理还需要勇气，需要有为科学无私献身的精神。

1988年由国家教委中小学教材审定委员会审定的小学《思想品德》课本中，有一篇《为麻雀平反》的阅读材料，有一段赞扬我的文字："他认为探索真理、坚持真理和宣传真理是一个科学家的神圣责任。他不顾个人得失，大胆地把自己的研究结果和看法公开发表……"

奇妙的鸣叫声——"茶花两朵"

　　鸡，是我们熟知的家禽。它具有很高的营养价值，被人们所饲养。著名英国科学家达尔文认为，中国家鸡的祖先在印度，然后由中国再传往欧亚各国。他在《动物和植物在家养下的变异》一书中是这样写的："在印度，鸡的被家养是在《玛奴法典》完成的时候，大概在公元前1200年……"又写道："鸡是西方的动物，是在公元前1400年的一个王朝时代引到东方中国的。"这里的西方就是指印度。

　　我国、日本以及欧洲各国的《家禽学》中，从前也都遵从达尔文的观点，肯定我国的家鸡是从印度引进的。

　　可是，我总想不通，我国地大物博，历史悠久，当时生产力也不低，为什么中国的原鸡不会被驯化为家鸡呢？为什么要从印度驯化后引进呢？

　　我反复阅读达尔文《动物和植物在家养下的变异》。达尔文说他的论断是根据《中国百科全书》的记载。但《中国百科全书》是一本什么书，成书时间与作者是谁，达尔文没有进一步说明，他只说该书是1596年出版的，在另一处又说该书印出的时间是1609年。

我查找我国1596年出版的古书，并没有《中国百科全书》这种类型的书。医药学家李时珍的《本草纲目》虽是在1596年出版的，但其中并没有关于家鸡起源的记载。在1609年我国印刷的古书中，比较著名的只有《三才图会》，书中有一段话是这样说的："鸡有蜀、鲁、荆、越诸种。越鸡小，蜀鸡大，鲁鸡尤其大者，旧说日中有鸡。鸡西方之物，大明生于东，故鸡人之。"

这里所说的西方，显然是指中国西部"蜀"、"荆"等地，而不是指中国以西的印度。我认为把"西方"误为印度，这显然是个疏忽。至于"大明生于东，故鸡人之"，则是《三才图会》作者一个不明确的结论。

因为"大明"是年号，这年号是南北朝宋孝武帝时代，约在公元420—479年之间。《三才图会》的作者认为，这时候才把驯化的原鸡从中国的西部引向东部。

也有人认为，"大明"并非年号，在这里应作"太阳"解，旧说"日中有鸡，月中有兔"，所以才说"大明生于东，故鸡人之"。实际上这是出自古代的民间传说。

然而究竟是不是达尔文的疏忽，还要拿出证据来，也就是说，要找到中国的原鸡，才能作出最后的论断。

1957年，我与助手在云南南部进行鸟类资源调查时，解决了这个问题。

有一天，当太阳偏西的时候，我们肩上挂着照相机，手中提着猎枪，走进一片旷野。突然我们发现200米外有原鸡成群活动。它们形态酷似家鸡，锈褐色的雌鸡在前边疾速行进，栗红色的雄鸡尾随其后。它们头顶及后颈的羽毛呈镰刀状，闪烁着灿烂的金属般光泽，尾长而下垂，中央尾羽是辉亮的金属绿色。

原鸡的视觉和听觉都很灵敏，个性羞怯怕人。它们发觉了动静，登上树枝的雌鸡快速跳下，低垂着尾巴疾窜林中。后边的雄鸡似感逃窜不及，便惊恐地飞起。在这一瞬间，助手枪响将其击落，大家兴高采烈地奔向原鸡落地的草丛。谁想草莽极浓密，居然不见雄鸡下落。

正想继续追赶原鸡，骤然风吹云集，顷刻雷雨交加。大雨挡住了我们的视线，也挡住了我们前进的去路。原鸡竟这样在我们的视野中消失了。

又经过多日的艰辛寻找，天公不负有心人，我们又在一个山寨的河谷边，发现16只原鸡相随觅食。它们像家鸡一样，边

郑作新在河南罗山悬挂鸟箱并观察。（1970年）

走边用爪和嘴扒开落叶及土壤，觅食虫类、种子、笋根等，有时还在地上打"土窝"，喜欢啄取小石砾。

我们发现了这群原鸡，十分激动，赶紧隐蔽观察。几只胆大的原鸡竟飞到山寨的村边，我们跟踪前往，结果发现它们混入家鸡群中，与家鸡嬉戏。据当地居民讲，这种原鸡还与家鸡交配。

我们在当地山寨住下，由于白天劳累，大家酣然入睡。半夜三四点钟，我们被一阵啼鸣声惊醒。

我起来细听，觉得这不是鸡鸣。我把助手们叫醒，大家共同倾听，也都认为不是鸡的叫声。鸡是"喔喔——喔"叫的，那这是什么东西的鸣叫声呢？

清晨我们请教山寨房东，他告诉我们，这是"茶花鸡"的啼鸣声。

"茶花鸡"也就是原鸡，因其公鸡的鸣叫声近似"茶花两朵"而得名。

我们兴奋地听着这种有规律的长鸣。"茶花鸡"仿佛是在提醒人们注意它们存在的事实，宣称它们是中国家鸡祖先的后裔。

经过一系列的实地调查和科学考证，我认为达尔文把"西方"说成印度，这显然是一个疏忽。

以后，各地史前文化遗址的考古发掘也证明，我国驯养家鸡的历史远远早于印度。如鸡形陶瓷的发现就表明那时已有驯化的家鸡，陶鸡是家鸡的艺术反映。中国甲骨文对鸡的记载，也不晚于印度的《玛奴法典》。因此，中国家鸡的祖先是"茶花鸡"。

历史进入20世纪90年代，中青年学者已运用现代技术手段来分析原鸡与家鸡之间的亲缘关系。这种用蛋白质（酶）多态分析的结果表明，我国4个家鸡品种在系统中归为一个类群，而国外的不同原鸡聚类为另外类群，这说明"中国地方鸡种有自己独立的血缘来源"。这个研究报告进一步论证了我国的家鸡不是从印度引进的，而是由我们自己驯化的。中国家鸡的祖先是中国的原鸡，而不是从印度引进的。

郑作新在云南考察。（1956 年）

峨眉山上的新发现

　　1960年春，我带领一个生物考察队在四川峨眉山一带进行科学考察。

　　"峨眉天下秀。"峨眉山是我国佛教四大名山之一。这里山峦叠翠，林木茂盛，气候温和，风景秀丽，一年四季游客络绎不绝。这里的生物资源丰富，是我们这次考察的重点。

　　一天清晨，我们兴致勃勃地出发，希望能有所获，到了中午，攀登上峨眉山附近的一个高地。大家又渴又饿，正想休息一会儿，只见从山坡上走来一位老猎人。

　　这位约莫60多岁的猎手，中等个头，有一副结实的身板，一双眼睛在粗宽的眉毛下闪耀着锐利而真挚的光芒。我们向他问好，并向他说明我们的单位和此行的目的。他非常热情地邀请我们到他附近的一间茅屋里休息。茅屋狭窄而简陋，屋的一角放着被熏黑的炊具，壁上挂着猎获的几只鸟。其中有一只特别耀眼，吸引了我们的注意力。

　　啊！这是一只雄性白鹇，它的头顶仿佛戴着一顶华贵的帽子，红红的冠子后面，披着几绺蓝色的羽毛，闪烁着宝石般的光泽；股部的羽毛是蓝黑色，与背部和翅膀形成鲜明的对比。最引人注目的是那几根特长的白色尾羽，使它的身体显得修长又俊美。

白鹇气质高雅，为诗人所喜爱。大诗人李白曾有《赠黄山胡公求白鹇》诗：

请以双白璧，买君双白鹇。
白鹇白如锦，白雪耻容颜。
照影玉潭里，刷毛琪树间。
夜栖寒月静，朝步落花闲。
我愿得此鸟，玩之坐碧山。
胡公能辍赠，笼寄野人还。

李白竟愿意以一双白璧来换取白鹇。事实上，白鹇现也确是国家保护的珍稀动物，它共有10多个亚种，生活在我国的云南、广东、广西、海南以及东南亚的柬埔寨、越南的热带或亚热带地区的高山竹林里。但在峨眉山可从来没有发现过，所以我感到意外，心想它从哪儿来的？该不是外地游客带来"放生"的吧？

老猎人介绍附近山林里有这种白鹇，平时栖于多林的山地，大都隐匿不见，遇惊则狂奔，边跑边左右顾盼，一直狂奔到山顶处，才展翅飞起。

于是我们一行在峨眉山区到处寻找，并取得几号标本带回北京。

我连续几天仔细查看白鹇标本，并与南方的白鹇标本进行反复对比，一开始并没有发现什么差异。但是我想，峨眉山与南方相距数百公里，生活条件不同，具备可能产生差异的条件，那么，我为什么没有发现其中的差异呢？难道峨眉山上的白鹇真的是被人从南方带去"放生"的？

我对着白鹇标本，白天查看，晚上在灯光下也看，可以讲是翻来覆去地看，还一部分一部分地与南方标本对比。有一天，当我从它的脖颈看到胸脯，再从胸部看到腹部，一直查到尾羽，终于发现了它们之间果真有明显差异。一般雄性白鹇的尾羽是白色，杂着黑色细纹；而从峨眉山采来的雄性白鹇，它的中央尾羽主要也是白色的，可是左右两边的外侧尾羽却是纯黑色的，差异十分清楚。长期日夜辛劳，一旦获得意想不到的发现，心情十分激动，真可以说是如获至宝。

继而我又发现峨眉白鹇的背部、肩部和翅膀上的黑色细纹，和南方白鹇也有粗细、长短及彼此距离等的不同。但由于差别很不明显，所以容易被忽略。

研究的结果确定，峨眉白鹇是土生土长的种群，它与南方各省的白鹇并不相同，它是一个新亚种。我把这个白鹇亚种命名为"峨眉白鹇"。

在动物分类学上，"种"是分类的基本单位。同一种的动物如果在异地，为适应当地环境而产生一些差异，那这种有差异的种群就叫作"亚种"。西方国家研究鸟类已有二三百年的历史，现今发现新种和新亚种的可能性已是微乎其微了，但自建国以来，我国鸟类工作者发现的鸟类新亚种已有20多个，其中16个是由我或由我领头发现的。

"峨眉白鹇"是一个新亚种，我和有关同志把这个发现写成论文，投登在《动物学报》上。论文发表后，我把单行本分发寄给国内外的同行，其中包括德国著名的鸟类学家施特斯曼

（Stresemann）教授。国际学术界都确认这个发现。

　　一年后，我突然收到美国芝加哥博物馆鸟类研究室主任特雷勒（Traylor）教授的来信。我与他素不相识。他信中说早在1930年，就有一位名叫史密斯（Smith）的鸟类学家，在我国四川峨眉山采集到一些白鹇的标本，并把一些标本带回芝加哥博物馆。遗憾的是史密斯不曾作过细致的研究，没有发现它和南方的白鹇有什么不同，一直到60年代，特雷勒教授对这些标本进行反复研究时，才发现了上面所述的这些白鹇的独特特征，认为这是一个新的亚种。

　　特雷勒教授为了表达他对我的敬意，逐将他们在我国四川所采的白鹇定名为"郑氏白鹇"，并写出文稿寄给英国的一家鸟类学杂志，而这个杂志的主编又恰好将这篇文稿转寄给德国的施特斯曼教授审阅。德国教授一看，就函告英国刊物主编，

郑作新发现白鹇新亚种。（1964 年）

说这篇新亚种的论文不宜发表，因为这新亚种早已由郑作新自己发表过了。按国际上动物命名的优先律规定，我对峨眉白鹇亚种的发现与命名在特雷勒之前，这个新发现的白鹇亚种应定名为"峨眉白鹇"，而"郑氏白鹇"却变为"峨眉白鹇"的同物异名了。

事后，施特斯曼教授给我写了一封信，信中幽默地说了这样一段意味深长的话："当前在许多问题上，中国与美国的看法很不一致。可是我至少找到了一个共同点，就是你们都认为峨眉白鹇是一个新的亚种。在这个问题上，中国人领先了，请接受我衷心的祝贺。"

我在峨眉白鹇的发现过程中，体会到前人所说"勤奋是成功之母，灵感是成功之父，只有二者结合起来，才有创造"，是很有道理的。

然而，我对峨眉白鹇的研究没有停止。当我综合研究这14个白鹇亚种时，又发现有半数以上的亚种产于云南省的南部和其附近地带。依动物地理学的理论来推测，云南南部可能是白鹇的分布中心或起源地。另外，除峨眉白鹇外，还有两个亚种，其雄鸟的外侧尾羽都有一些较显著的黑色块斑，它们一个种产自海南岛，另一个种产自柬埔寨的南部，跟峨眉白鹇一样，都在白鹇分布范畴的边缘区。

经过进一步思考，我推想具有白色尾羽的白鹇亚种是比较高级的种群，而具有黑色斑或完全变黑的外侧尾羽的白鹇亚种，因尾羽还未完全变白，故是比较低级的。依照目前白鹇的分布情况来分析：具有白色尾羽的亚种大都集中于云南的南部一带，这里可能是白鹇的分布中心或起源地，而具有或多或少黑色外侧尾羽的亚种却均散布于四川峨眉、海南岛及柬埔寨的南部。它们并不靠近白鹇分布的中心，而散见于白鹇分布范围的边缘地区。

以往许多学者传统上都认为，比较低级类型物种的所在地是这一类物种的起源地。低级亚种的存在是起源地的最可靠的标志之一。可我研究的结果恰恰与此相反。事实上比较低级的亚种并不在这一种鸟的分布中心或起源地，而是被排挤到此种鸟分布范围的边缘地区。

我的这个"排挤观点"，是对已发现的全部白鹇亚种进行综合比较后得来的，因此说"综合也是创造"是很有道理的。我的这个研究成果与达尔文进化论学说的核心理论，即优胜劣汰的观点，是相吻合的。这是支持进化论的又一科学论据，同时它也是对进化论的一种具有理论意义的补充论证。

郑作新在工作中。（1985年）

艰苦的野外考察

　　一个人想在科学上有所创见，有所发现，一定要深入实际，反复验证才行。也就是说人们要了解自然，取得与自然协调一致的发展，必须钻入自然界之中，取得第一手资料，才有发言权。所以，我常以"热爱大自然，首先要学好自然界这部活书"作为自己的箴言。

　　科学的顶峰闪烁着五彩的光环，令人向往；然而通往顶峰的道路，却是怪石林立、荆棘丛生。几十年来，我就是在这样的一条道路上攀登。每年的春季和秋季，我总是和鸟儿"泡"在一起。

　　我国的鸟类资源十分丰富。尽管在三四十年代的调研已取得一定的成就，但是，当时的调研受许多条件的限制，因此要弄明白我国鸟类究竟有多少种，还必须"周游列国"，进行广泛的考察。

　　这是一项十分艰巨的任务，不是任何个人的力量所能胜任的。我在邵武作了3年调查，才初步弄清一个县的鸟类情况。要掌握全国的鸟类情况，需要耗用多少人力物力，可想而知。

新中国成立以后，党和政府对这项工作十分重视，制订规划并组织许多方面的力量，开展鸟类资源的普查。从50年代起，在中国科学院的具体领导与组织下，这项浩繁的工作展开了。我几乎每年都参加或协同主持这项工作。

1951年至1954年，我们在河北昌黎及其附近产果区调查吃虫益鸟，夏季往山东微山湖地区观察食蝗鸟类；1956年至1960年，我作为中国方面鸟类组的负责人，带着数十位年轻工作者，参加中国和苏联合作的亚热带生物资源考察，前往云南南部及横断山脉；1957年至1959年带队往湖北西部及湖南西南部；1960年遍登海南岛沿海山丘；1957年至1960年筹划并参加

郑作新(中)在河北昌黎果园地区考察。他向农民询问禽鸟活动情况。(1953年)

中国科学院主持的南水北调勘测工程，负责从四川南至巴塘木里及云南的丽江、东至三峡的鸟类区系调查；1960年后参加青藏高原综合考察队的动物组工作；1970年至1972年，应邀前往黑龙江省的齐齐哈尔、吉林省的长白山及辽宁省的大连，了解自然保护情况，其中特别调查松鸡科种类的保护，还往内蒙古大草原及乌梁素海、阴山等地考察特产资源；1974年至1976年在江南一带的洞庭湖、鄱阳湖直至上海长江口，从事以水禽为主的资源情况的调查，包括了解以水禽出口的企业状况。此外，还到了河南南部秦巴山区、甘肃西部等地。

我之所以详细列出这些年来的调查工作，无非是想说明，调查是科学发现的源泉，是研究的基础。

几十年来，我和助手们几乎走遍了祖国的大小山川。如四川的峨眉山、松潘草地，海南岛的五指山，东北地区的扎龙、带岭、长白山等，这些鸟类聚居的地区，往往是人迹罕至的山高林密处，生活条件简陋，甚至存在着危险。

野外考察是十分艰苦的，经常风餐露宿，夜以继日。50年代在河北昌黎林区调查农林益鸟的繁殖和生活史，几十个日日夜夜我们都轮班工作，一刻不停地守在鸟巢近旁观察。有时连腿都不敢伸动一下，蚂蚁爬到脸上也不敢捏，生怕惊动鸟儿，影响观察效果。到凌晨，衣服被露水弄湿了，也只好忍着。大家为了能得到合乎实际的观察结果，克服了许多困难。

有一次，我们上安徽的黄山考察。那时的黄山坡陡路险，我当时已50多岁，与年轻同志一块爬山。俗话说上山容易下山难，下山时我只能一个台阶一个台阶地往下"蹭"，结果咔叽布裤子磨出不少破洞。下山后我还要赶着去省城参加会议，只得穿着这条"百孔千疮"的裤子到会，真是出了"洋相"。

四川山区山高路险，遇到峡谷，还要绕行，所谓"望山跑死马"。为了采标本，我们只好攀附岩石或树根上下险谷，稍不小心，就有坠落深渊的危险。有一次，我们为了少绕点道，想涉过湍急的河流。当时，山民正要开闸放水冲木，一个小孩对我们高喊："莫忙走！"而考察队员听不懂小孩的四川话，误以为是"莫慢走"，于是加快步伐前进。有两个年轻的同志，刚踏入水中，就见几根又粗又长的原木顺流而下，势如一群脱缰的野马，飞速扑来。走在前面的一位同事，还没反应过来，就被冲到山下急流中去了。我走在他后面，相距仅几米。事情发生后，大家感到十分痛心。

野外考察的艰苦与危险是一般人难以想象的，但是，"不入虎穴，焉得虎子"。为了搜集资料、标本，搞好科学研究工作，再苦再累再险我们也会前往。

50年代末，在云南东南部的大围山，我与苏联的一些鸟类专家一起进行考察。大围山山高路陡，盘山小路狭窄得只能走一匹马。由于昼夜兼程，人困马乏，一匹满载禽鸟标本的骡子，失足跌落深谷之中。在这次考察中，我也曾因体力不支从马背上摔下，胸部肋骨受伤。然而，正是这次大围山考察，我们发现了画眉类中的一个新亚种——斑胸噪鹛大围山亚种。

在野外考察中，有时也会碰上令人难忘的事。记得在50年代末，我参加南水北调工程的综合考察队，担任动物组的负责人。我与考察队员同往四川阿坝草地。这里是当年红军长征通过的草地，水草纵横，茫茫无边。绿油油的水草像浩瀚的大海，一望无际。水草底下黢黑的积水，到处泛滥，散发着腐臭的气息。丛密的草茎和腐草结成的沼泽地，十分松软，行路极其艰难。再加上草地的气候变化无常，一会儿阴霾满天，一会

郑作新在上世纪 60 年代。

儿瓢泼大雨，一会儿冰雹骤下，一会儿雪花纷飞，让我们体会到了当年红军过草地的艰辛。

考察队在会东和雷波设有大本营。我们到达雷波吃午饭时，碰到了聂荣臻元帅和竺可桢院长，他们是这次南水北调考察工作的总负责人。他们工作深入到这么艰苦的第一线，确实让我们感到意外，更感到亲切、振奋。元帅、院长和我们一块吃饭，了解考察的情况，关心我们的生活与工作，无异为我们这次考察工作注入了活力，也提高了我们对自身工作价值的认识。那次，我和考察队的同志们一起爬山涉水，经凉山、会东、雷波，到西昌地区，以后进入滇西北的泸水、丽江……一直到1960年的8月才返回北京。

"文化大革命"中许多科研工作被迫中止，直到后期，才慢慢恢复。我虽在"文化大革命"中历尽磨难，然而初衷不改。我那时已年届古稀，还患有高血压等症，但还是克服困难参加野外考察。

那是初春季节，我们乘坐舢舨在湖南洞庭湖上赶路，只见那湖光山影十分迷人，辽阔的湖面水天相连，无比壮丽。从"文化大革命"那样斗争的氛围中回到大自然，更感到生活在自然怀抱之中的宁静与温馨。忽然一条渔船迎面驶来，船上有一少年摇着橹，船头有一中年人呼喊着"我叫渔家汪，是渔业生产部派我来接北京客人的"。我们上了渔船，热情的主人靠岸，以当地的鲜鱼、大虾款待我们。他一边做饭，一边叫儿子快去添菜。只见那男孩笑嘻嘻地从后舱跑出，一会儿听见"砰——砰——"两声枪响，孩子提着两只刚打的水鸭回来了。这顿饭吃得那么惬意，让我们经久不忘。

饭后，渔家汪带着我们到湖边，他向水面的水草区打了一枪，立即飞起黑压压的一片水鸟，遮蔽了苍茫的天际。过一会儿，飞腾起来的野鸭、豆雁又逐渐回落水草之中。那壮观的情景、丰富的野生动物资源，也让我们难以忘怀。今天洞庭湖滨的湿地已建立起水禽保护区，同时又被列为国际重要的生物学研究基地。每年国内外许多学者和游客争相前往观鸟。

1975年，在将满70岁的时候，我还登上长白山的天池。

天池在长白山的山顶，海拔有2600多米，它是早年火山爆发后形成的大口子，聚积雨水、山水而成。这一池碧水，好像镶嵌在蓝天、白云、青山之间的一面镜子。由于海拔高、气温低，水里连条鱼也没看到，而且看的时间长了，就觉得头晕，似乎会跌进天池中。当时，同伴都劝我别上山顶了，而我不想半途而废，坚持要上山。年轻同志争着搀扶我，我都婉言谢绝。当然，我爬山的速度已大不如前，但终究还是登上了山峰，到达了天池。

郑作新与中国科学院方毅院长在一起。(1980年)

这次在长白山收获很大。长白山的自然景观垂直变化十分明显，四个垂直带的界限分明：下面是阔叶红松林带；往上是以冷杉为主的暗针叶林带；再往上是矮小弯曲的高山岳桦阔叶林带；最高处就不见乔木了，是高山苔原带。这种奇异的垂直景观在其他山区很难见到。植物的多样，带来动物的繁荣。据考察，长白山有鸟类277种（另11个亚种），其中不少是国家保护动物。

这次东北之行，我们还到黑龙江省的齐齐哈尔市扎龙等处考察。根据考察结果，我们向省市建议建立扎龙自然保护区，以专门保护我国的珍禽——丹顶鹤。一年后，我国第一个鹤类自然保护区——扎龙鹤类自然保护区建立。这不但意味着我国丹顶鹤受到法律的保护，更重要的是，这个自然保护区的建立，标志着我们人类与自然的关系从改造自然、征服自然，走向保护自然生态环境、获得人与自然协调发展的新阶段。

一分耕耘，一分收获。在历次的野外考察中我采集了成千上万件各种鸟类标本，取得了大量的第一手鸟类生态及分布资料。如今科学院动物研究所收藏着的鸟类标本已达6万多件，成为我国最大的鸟类标本库。

6万多件鸟类标本给人以相当庞大的概念。它相当于解放前北平动物研究所和静生生物调查所①两家收藏标本之和的20多倍。

每次从野外考察回来，我就对采集的标本进行整理，结合有关专著和专题论文与采得标本互作对比，进行鉴定。对所采标本，标出拉丁学名，并查出同物异名，有时对单一标本要耗费数日时间潜心研究，才能查清。有的标本因缺少与之对比的必需文献，整理起来就更费工夫了。

---

① 静生生物调查所是20世纪30年代原教育部长范静生逝世后，用他的一笔捐款成立的，坐落在原北平的文津街。解放后，北平动物研究所和静生生物调查所都被接收，合并到中国科学院动物研究所里。

读万卷书，行万里路，这两者我都十分重视。

几十年来，除了野外考察外，我查阅了数千万字的专著、论文，在鉴定过程中，还查看模式标本及有关的文献报道，而有些模式标本和专题文献在国外，因而要出国考察。

我的每次专题调查之后往往有专文发表，如1957年发表的《河北昌黎果区主要吃虫鸟类的调查研究》以及《青藏高原陆栖脊椎动物区系及其演变的探讨》和《西藏鸟类志》等。然而，更为重要的是，由于有了这么广泛的国内调查与国外访问、研究，我掌握的标本与文献资料越来越丰富；中国鸟类资源的轮廓，以及每一种"种型"的脉络越来越清晰。正是有了这样坚实的基础，我于1955年和1958年先后编写出版了《中国鸟类分布名录》上下卷。这两卷著作初步确定了全国鸟类的学名和同物异名，并搞清了种和亚种的分布，受到国内外学术界的重视。以后此书又根据新的材料进行了补充再版，但再版因受"文化大革命"的影响，经历了曲折的过程，这是后话。

郑作新在鸟类标本室工作。 *(1980年)*

我们寻找分界线

　　野外考察中，我们看到了自然界的不同景观，在大自然的宝库中，吸取了丰富的科研营养。

　　在我国北方，我们看到松鸡、黑琴鸡、榛鸡、雪雀……这是古北界的动物；

　　在我国南方，我们看到画眉、太阳鸟、啄花鸟、绣眼鸟……这是东洋界的动物；

　　我们到处看见麻雀、喜鹊、雉鸡……这是广布于两个界的动物。

　　那么，什么叫古北界，什么叫东洋界？

　　从鸟类分布来看，全世界可分为6个地理界：古北界、新北界、东洋界、热带界、新热带界及澳洲界。最近南极动物被发现的种类愈来愈多，因而也可列为另一界。每一界内列有不少国家。古北界中有10多个国家，例如欧洲属于古北界。我们中国境内却拥有两个动物界，即古北界与东洋界。一个国家境内有两个相当大的地理界，在全世界除墨西哥以外，只有中国。这就是我国动物种类特别丰富的一个主要原因。

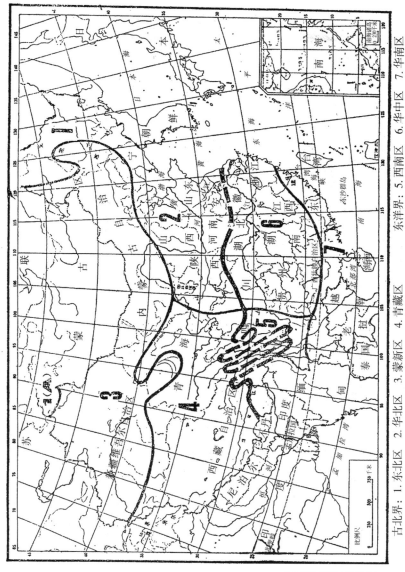

中国鸟类地理区划

这两界在我国境内是怎样划分定界呢？有一个英国人叫华莱士（Wallace），他在1876年提出把分界线划在南岭，学术界长期都依循这个原则划分。

我和许多学者在考察中都认为这种划分不完全适合我国的客观实际。我们根据多年亲自考察的结果和综合各地的调查报道，认为以秦岭为两个动物界的分界线比较确切。

1959年我与科学院地理研究所的张荣祖同志合写了《中国动物地理区划》这本书。书中根据鸟类和兽类中的特有种、优势种以及主要经济种等分布的状况进行了分析，论证了应以秦岭为两个动物地理界的分水岭。这种划分的原则，不仅在兽类和鸟类区划中被认为是适当的，而且与土壤、植被、气候的区划也是相吻合的，因而得到学术界的赞同与认可。

后来，我们又根据实地考察的资料，进一步把全国的两个动物地理界划分为4个亚界、7个一级区及19个二级区。这种动物区划在国际上属首创。

我国的东洋界中只有一个亚界。

在国内古北界的划分中，我曾划出3个亚界，其中包括草漠亚界，这个亚界把北方的沙漠地带通过中亚和阿拉伯的干旱地，一直连至非洲北部的撒哈拉沙漠，形成了贯通北半球的一个特殊的景观带。这在动物地理学上是有国际性意义的。如果青少年朋友有机会去这个界内旅游、考察，你将看见沙鸡、沙雀、大鸨及其他适应广大草地和沙漠生活的种类。

大自然用它的特征引发我们不断深化的科学思考，引导我们不断地寻找正确的结论。

在1966年开始的那场史无前例的"文化大革命"中，我和许多学者、专家一样，很早就被戴上"反动学术权威"的帽子，接受数不尽的批判与审查。

在一次批斗大会上，有人故意把几只不同种类的鸟拼接在一起，拿到台上问我认识不认识。我翻来覆去仔细观察着，仔细辨认着标本，真看不出是什么种类的鸟。我便如实地说："我从来没见过这种鸟，我不知道。"我当然明白回答"不知道"会带来什么后果——他们就可以讲我不是专家，连这都不知道，只会欺骗不明真相的群众。我想我要尊重事实，只能这样回答问题。

过了很久以后我才知道，当时在会场上有人了解"内情"，听了我的回答后，就小声地说："这才是真正的专家。"而我当时还想不到这些人竟会用假标本来糊弄我，达到迫害我的目的。这是一种亵渎科学的行为，是科学所不能容忍的。

当时我被当成"资产阶级反动学术权威"，鸟类研究工作也被当成是资产阶级的"闲情逸致"，那些人认为研究鸟类必定会导致"人变修、国家亡"的结果。

我们这么多年在野外进行鸟类资源的调查，历尽艰辛，应该说是"很革命"的了，怎么能讲研究鸟类是闲情逸致呢！现在回想起来，几乎走遍祖国山山水水的我，至今还没有去过杭州的西湖、广西的桂林、沈阳的故宫、苏州的园林……这些旅游胜地，因属人文景观，我在调查中从没涉及，当时去什么地方、去干什么，一切是从事业出发。扪心自问，我没有抒发和满足闲情逸致的时间，甚至连春节也在工作着。

我回想自己走过的人生道路，越发感到自己的心灵是明亮的。我虽身处斗室，而心中的旷野还是不时地展现出当年顶风冒雨野外考察、采集的情景。我在险陡的山路上、阴湿的森林中，看着天空中盘旋滑翔的各色鸟儿。我理解大自然和鸟类，大自然和鸟类对我也有幽幽之情。当我沉浸在这种意境的时候，可谓"雁引愁心去，山衔好月来"，好像看到世间各色的鸟儿都在飞翔。

为了搞臭我这个"反动学术权威"，有人又想出了让我剥制鸽子标本的主意，想以此来为难我、让我出丑。因为鸽子的皮薄，特别是背部，皮更薄，剥制鸽子有一定的难度。

本来剥制鸽子标本对于我来说，并不是难事，但当时我已经60多岁了，视力已不如以前。我一边剥，一边在想：我搞的是鸟类，让我剥制鸟的标本来"考验"我，那么搞畜牧业的是否要剥制牛？搞兽类的难道要剥制老虎吗！我以前取得硕士、博士学位时剥制过标本算不算数？更何况，科学研究工作要有分工，许多工作是由猎手、实验员来完成的。

鸽子标本还是被我剥制出来了。这些人认为没有达到将我搞臭的目的，又出个难题。他们问道："鸡怎么杀？"在他们看来，鸡与鸟是同宗，连鸡都不会杀怎能冒称鸟类专家。批判"深入"到如此地步，问题提得如此无聊，真叫人哭笑不得，无可奈何。

反正我在这种批判面前，一直采取"如实"的态度，不说违心的话，更不做违心的事。当时这些"造反派"就认为我软硬不吃，态度不好，迟迟不给我落实政策，将我当成"牛鬼蛇神"，对我进行劳动惩罚，逼迫我干扫楼道、刷厕所等脏活。

我和动物研究所其他一些著名学者如童第周、陈世骧等在国外求学时都打过工，搞过勤工俭学，对体力劳动并不陌生，而且，也不认为这种劳动是那么低下。而今劳动被当成一种惩罚的手段，倒真让我想不通。

已不记得是哪一天了，那天突然有人叫我到一个造反司令部的办公室去。他们告诉我从第二天开始不要劳动了，让我去参加达尔文名著《进化论》的再译工作。以后我才知道，是中央领导要研读这部名著。翻译此书光懂英语是不够的，一

给研究生讲课（1980年）。

定还要有生物方面的专业知识，于是我被派上用场。

不久，科学院的动物所来了一批外宾。给外宾配的翻译，并不熟悉鸟类专业知识，许多鸟类问题翻译不出来。怎么办？又派人将我找来，让我当上了翻译。

"文化大革命"期间，动物研究所的工作几乎全部停顿。在后期，所里有识之士意识到这样混乱的局面再也不能继续下去了，我们的国家还是要搞科研的，还是要加强国际间学术交流的，于是他们建议在中青年研究人员中开设英语学习班，并请我去讲课。这样的学习班，办完一期又办了一期，这时，我成了所里的英语教师。

在那样的政治氛围中，办英语学习班是不容易的。参加学习的人数居然还不少，学员们学习起来也很认真，课后还有人来提出学习中的问题。我从来没有想到会当上英语老师，但是，自己所学的知识专长能为大家服务，我还是很高兴。

我只希望永远不再有亵渎科学和科学家的行为，历史不要再发疯。

1958年《中国鸟类分布名录》出版后，受到学术界的重视与好评。因为这本书相当于鸟类辞典，极大地方便了各地鸟类工作者的研究工作。由于印数有限，此书不久就脱销了。科学出版社不断地收到订购的要求，于是责任编辑约我对该书进行修订和补充，准备出第二版。

经过几年的修订，终于在1965年完稿。这部近1尺厚的《中国鸟类分布名录》手稿，积累了我几十年实地考察和研究的成果。我沥尽心血，才把我国至今为止已知的鸟类进行了全面系统的分析，把它们的分类系统、学名订正、同物异名、亚种分化、演化趋向、分布范围和迁徙的资料加以汇总整理，补充了一些国外博物馆中的中国鸟类收藏，并把建国以来发现的20多个新亚种也列入此书。书稿完成后，送往科学出版社。

然而，1966年，那场史无前例的不要科学文化的"文化大革命"开始了。在"知识越多越反动"、"读书无用论"等荒谬观点冲击下，科学研究被迫停顿，各单位整天是无休止地写大字报、开批判会。在这样的形势下，科学院动物所的资料室、标本室均关闭；有的资料与标本因无人管理而散失或遭毁坏；各种学术杂志也停刊；研究所与出版社几乎解体。科学之树凋零，像严冬降临大地，一切生命都经受着严峻的考验。

在我被列为打倒对象的同时，我的著作也成为批判的对象。出版社的情况也大致相似，《中国鸟类分布名录》被停止出版。

当时的动物研究所已改了名，革命造反派已把它称为什么"公社"了。而我被关在"牛棚"里，干着打扫院子、厕所以及写贴各种批判大字报的劳动。我对自己被隔离审查和参加体力劳动并不介意，只惦记着自己那部《中国鸟类分布名录》手稿的命运。

1974年，周总理出来讲话，指出不能忽视基础理论。1975年，邓小平同志出来主持工作。在动荡的岁月里，这是吹进我心田的一缕春风，一丝希望。

终于，雨过天晴，"四人帮"被粉碎，我立即给出版社编辑部发了一封信，回信却使我感到意外和吃惊。责任编辑谢仲屏在回信中告诉我，他已在1969年下放"五七"干校前夕，将书稿用双挂号寄回给我。

我心急火燎地到处打听，既没有人承认看见过书稿，更没有人表示收过这部书稿。我从档案室查问到行政处、业务处，都毫无结果。这可怪了，因为它是一大包挂号寄回的书稿呀！

这件事给了我一个很大的打击。我伤心透了，开始失眠，心想这是几十年的心血，国内外查访了多少地方，收集了多少标本和第一手生态资料，动用了多少人力、物力……这下全完了。

意想不到的是，随之开始的"清仓查库"运动，却给我带来了惊喜。

有一天，忽然有一个不很相识的青年急匆匆地推开我的房门，大声地呼唤我："郑老，郑老！贮藏室里发现一堆书稿，是不是你的？快去看看！"

我现在已记不得当时是怎么三步并作两步地跑到图书馆边的小贮藏室的，只记得在那昏暗的小屋里，散乱的废纸、过期的报刊狼藉满地，显然还没来得及当废品处理掉。

我的眼光四处搜索，突然在屋子的一角，见到堆放着的我失散10年的书稿。这些稿子一映入我的眼帘，我不禁失声高叫："就是它，就是它！"

失别10年杳无踪迹的书稿找到了，就像一个失散多年的孩子回到了身旁，我感到无比的亲切和激动。我抓起一部分稿子，抱在怀里，欣喜的眼泪一滴滴地落在稿纸上。

郑作新夫妇参观自己赠送给科学院的著作展台（1996年）。

书稿已被打散，零乱不堪。几位热心的同事帮我一张张地收集起来。但几乎翻遍了所有的废纸堆，还是有不少分布附图没能找到，在场的同志无不为我的心血之作遭此践踏而感到愤然和遗憾。我这时倒宽慰别人，喃喃地说："能找到就是万幸，万幸啦！缺掉的部分再补上就行啦！"我已很满足了。

　　1978年，我国人民迎来了具有重大历史意义的党的十一届三中全会的召开。党拨乱反正，开始了我国历史的新时期。就在这一年，我的《中国鸟类分布名录》第二版出版了。它是迎着科学的春天而出版的。

　　1981年，当我再度访问美国时，我的母校密歇根大学为此书的出版颁给我荣誉科学奖状，这在后面还会提到。

郑作新在北京自然博物馆观看恐龙蛋化石。（1981年）

为中国鸟类写谱立传

　　我国的动物资源非常丰富，有必要在50年代开展大规模调查研究的基础上，把研究成果加以归纳总结。中国科学院早已开始酝酿这件事，并在1962年6月1日设立《中国动物志》编辑委员会，负责组织编写动物志。

　　中国动物志分脊椎动物、无脊椎动物与昆虫三集。各集又分为若干纲，每纲又分若干卷。

　　鸟纲属于脊椎动物。鸟类志计划编写14卷。把国内所知的鸟纲种类加以全面而系统的综合研究，这在当时不失为有远见的决策。它总结国内历年鸟类区系调查的成果，既体现联系生产实践，又注意科学水平的提高，有助于推进动物学在我国进一步的发展。

　　我是鸟类志的编委成员，负责鸟类志编写的组织工作。要出齐这14卷全国鸟类志，需要一段较长的时日。为了满足当时社会经济生产与生活的需要，1963年，我们先组织编写《中国经济动物志·鸟类》一书。全书共列241种鸟，分别隶属于18目56种。书中列有各层次的检索表，并在各种鸟类的"经济意义"项目或附录中，涉及鸟类的狩猎、饲养、开发利用及鸟害防除等问题。这为进一步研究和合理利用与开发鸟类资源提供了比较完整的科学依据。《中国经济动物志·鸟类》的出版发行，解决了当时社会生产的急需。出版后翌年又再版，同时美国将该书译为英文，还制成显微胶卷发行。

事过10年后，为了适应国际交流的需要，中国科学出版社和联邦德国Paul Parey科学出版公司邀约我用英文编写《中国鸟类区系纲要》，此书于1987年出版。全书约120万字，计1224页，列入我国到1982年底已知的全部鸟类，共计1186种，935个亚种。同时还记述了各种鸟的名称（学名、中文和英文名称）、形态、生态、分布和亚种分化、分类讨论及现时状况等。此书是对中国鸟类最完整的记述，可以说是为中国鸟类的研究打下了一个基础，而且为世界鸟类学提供了有关中国鸟类的相当完整的资料。

《中国鸟类区系纲要》摸清了我国鸟类的"家底"，为它们立了"家谱"，这为资源动物学提供了科学资料，也是我国动物区划和农业区划不可缺少的参考文献。书中把国内的鸟类区别为留鸟、繁殖鸟（夏候鸟）、旅鸟、冬候鸟等，为鸟类迁徙研究提供初步依据。对于各种鸟的"现存状况"，书中特别记述了濒临绝灭的状况，因而该书成为了鸟类自然保护的科学数据库，并为国家公布的《野生动物保护法》提供了具体资料。这本书发行后在国内外都得到很高的评价，于1989年获中国科学院自然科学一等奖及国家科委自然科学二等奖。中国科学院学部委员会还颁发给我一枚荣誉奖章。

美国国家野生动物学会，也因《中国鸟类区系纲要》的出版，把1988年国际动物资源保护的特殊成就奖授予我。我是第一个荣获此奖的中国人。我本应前往美国领奖，但组织上考虑我年事已高，不便远行，于是，美国国家野生动物保护联合会决定派该会主席黑尔（Hair）亲自到中国颁奖，这也是破例的。

1989年5月26日晚，在北京香格里拉饭店的宴会大厅举行了隆重的颁奖仪式。各界著名人士、生物科技工作者以及国家科委主任宋健、全国人大副委员长程思远和中国科学院与动物研究所的领导百余人欢聚一堂。

会议的请柬是这样介绍的：

郑作新博士是中国动物学会、中国鸟类学会的创始人和领导人。他在过去的50年中，全心全意地致力于中国鸟类研究，并且发现了中国15种鸟类新亚种。他发表了许多有科学价值的论文和专著，他最近编写的英文版《中国鸟类大全》（即《中

美国国家野生动物保护联合会黑尔主席向郑作新夫妇授予"动物资源保护特殊成就奖"。（1989年）

国鸟类区系纲要》）一书详细记录了中国鸟类分布状况。

郑博士是中国鸟类研究领域中的杰出领导者。他的博学多识为世界所瞩目。他曾热心协助美国、英国、西德和苏联的科学家、大学研究所以及博物馆进行中国鸟类鉴定工作。因此，美国国家野生动物学会代表它的500万会员和51个分会，将1988年动物资源保护特殊成就奖授予中国的郑作新博士。

在全场热烈的掌声中，我在老伴陈嘉坚陪同下，走上主席台，接受"动物资源保护特殊成就奖"的奖章和奖品——一只仙鹤的雕塑。几年后的1993年，中国野生动物保护协会还授予我"野生动物保护终身荣誉奖"。这是后话。

当天宴会上，黑尔主席作了热情洋溢的讲话。我在答词中特别指出，自己在学术研究上的一切成就都是在党的领导下，特别是在改革开放政策指引下，在广大生物科学工作者的支持协助下取得的。我是在以自己数十年的经历来说明党领导的意义。

现在《中国动物志·鸟纲》的编写工作，在全国鸟类学工作者的共同努力下，已取得可喜的成果。

在全国动物志的规划中，中国鸟类志出版的卷数是最多的，其中第4卷鸡形目（1978年出版）又是中国动物志中最早问世的一卷。因此中国鸟类志的编写工作可以讲有"两最"，即最早出书，出的卷数最多，而书的编写质量也公认是符合要求的。

回顾中国鸟类志撰写工作的过程，可以说有三个重要的阶段：初成《中国鸟类图谱》，继以《中国经济动物志·鸟类》，终以《中国动物志·鸟纲》。这三部书反映了我国鸟类学的研究成就，也可以说是鸟类研究工作的三个台阶吧！

1994年，我又根据近年来鸟类学研究成果，编写了《中国鸟类种和亚种分类名录大全》一书。全书共列我国到1992年为止已知鸟类1244种和944亚种。这个数字约占全世界已知鸟类9200种的13.5%。这几乎等于欧洲和澳洲两大洲鸟类之和。美国鸟类只有770种左右，日本还不到510种，前苏联国土比我国大，而鸟类却不及我国多，这是由于他们只处在一个动物地理界里，而我国却跨两个动物地理界的缘故。

　　我国鸟类研究工作已取得很大成就，但与发达国家相比，我们起步较晚，又受经费不足、人手太少的限制，因而还有很多不足之处。据统计，我国鸟类学会会员不及千人，而日本却有万余人。我国鸟类志从无到有，现已出版其中的大部分，应该说成绩是明显的，但是印度、越南在19世纪已出齐鸟类志，其中印度还一再修订出版。因此，我总感到时间不等人，要赶上世界先进水平还需几代人的不懈努力。

出席颁奖仪式的贵宾签名首日封。 *(1989年)*

郑作新获中国野生动物保护终身荣誉奖。（1993年）

我很希望也很欢迎有更多的青少年朋友加入我们爱鸟和研究鸟的行列，迎接21世纪的到来，让鸟类科学造福人类。正是出于这种考虑，我把《中国鸟类区系纲要》(英文版) 所得的奖金和中国科学院、国家科委近几年颁发给我的奖金，捐赠给中国鸟类学会，设立了"郑作新鸟类科学青年奖基金"。此奖授予从事鸟类研究并做出突出贡献的青年，以表达我对青年的期望。

现在"郑作新鸟类科学青年奖基金"的首届管理委员会，已由鸟类学会推荐的5名鸟类学专家组成。鸟类学会理事长郑光美教授任委员会的主任。《郑作新鸟类科学青年奖评奖条例》业已公布。自1994年起，每两年颁发奖金一次。基金会同时还向国内外发出集资倡议，受到许多关心鸟类学研究的同行和爱好者的关心与支持。

　　自古以来，我国人民就喜爱丹顶鹤那健美的体形，优雅的姿态。丹顶鹤静则亭亭玉立，飞似仙女飘逸，走起路来则缓步轻移。它性情温和，与人相处和睦友善，寿命长达50—60年。人们把它看作是长寿和友谊的象征。

　　1955年，中国科学院院长郭沫若出访日本时，赠送一对丹顶鹤给日本冈山市游乐园，象征中日两国人民友谊长存。同时让我撰文在《人民中国》杂志上发表，让日本人民了解丹顶鹤的情况。

　　我以《从冈山市公园里的丹顶鹤谈起》为题，写了介绍文章：

　　从科学史上说，丹顶鹤最初是在日本发现的，命名为Grus Japonensis（即日本鹤）。实则依现在所知道的，它的主要繁殖地区在中国东北的乌苏里江、松花江与黑龙江中游一带。日本北海道据云亦有过此鹤繁殖的记载，闻目前所存无几。此鹤每年9月到10月间迁徙到朝鲜或经过我国北部沿海各省迁抵长江下游一带越冬，间或渡海至日本的九州南部，或更往南而达我国的台湾省。由这种鹤的分布与迁徙，更可以看出中日两国在动物地理上有多么密切的关系。

丹顶鹤雌雄在外观形态上并无区别。它的全体几乎纯是白色。喉颊和颈的大部呈暗褐色，翼的一部分飞羽是黑色，额和眼先①也微具黑羽。头顶全部皮肤裸露，而呈美丽的朱红色，似肉冠状，和体色相比起来，益显鲜明，故称丹顶鹤。

鹤翼大尾短，黑色的三级飞羽形特阔长，而向下曲作弓状，羽端的羽支散离，像发一样。当两翼折叠时，这些黑羽被覆于白色的短尾上面，往往被误认为鹤的尾部。飞翔力强，飞时头颈与两脚都是伸直的，前后相称，飘飘然姿态极其秀逸。

鹤颈延长，它的气管尤其是这样，而且还盘曲于胸骨间，好像喇叭一般；因此，它的鸣声格外高朗响亮。《诗经》上说："鹤鸣于九霄，声闻于天。"虽然这是过甚的形容，但由此可见鹤所发的声音，的确较别种的鸟洪亮得多，它在空中飞翔时，往往未见它以前，早先闻它的叫声了。

鹤静止时，常伫立或涉游于近水的浅滩，以长嘴索取鱼虾、虫与蟹壳等，有时还觅食嫩草和谷类。它在水中通常兀立很久，延颈长望，所以人们常有"鹤立"、"鹤望"的借喻。它的举动温雅而有节。古人云："如道士步斗。"饲养易驯服。驯熟的能听主人的话，展翅引颈，翩翩作舞，堪与孔雀开屏相媲美。我国自古多喜饲养它。

丹顶鹤因较罕见，为人们所珍惜，习俗相传，认为鹤是长寿的动物，与龟并称；又以鹤的体态秀逸、性情幽娴，恰似一个潇洒出尘、放浪形骸的人，所以鹤在我国历史上被视为仙鹤。神话传说中的神仙往往以鹤为伴。艺术家们常喜绘鹤作长

---

① 眼先：眼圈的上部。

寿的象征。咏鹤的诗词歌赋常见于古籍中。

鹤系卵生。古时有些人以它为仙禽，胎生而不产卵（见鲍照的《舞鹤赋》）。但这种说法的错谬，以往早已洞晓。《墨客挥犀录》有一段记载说："刘渊材迂阔好怪，尝蓄两鹤。客至，夸曰：'此仙禽也，凡禽卵生，此禽胎生。'语未卒，园丁报曰：'鹤夜半生一卵。'渊材呵曰：'敢谤鹤耶？'未几延颈伏地，复诞一卵。渊材叹曰：'鹤亦败道，吾乃为刘禹锡嘉话所误。'"

鹤繁殖时，在近水多沿的低温地上，用水草、芦苇、稻秆、嫩枝等构成粗大扁平的巢，中央处稍凹，产卵其上。有的画家把鹤的巢绘在高树的枝丫间，实则误以鹳为白鹤。雌鹤据饲养记载，5年才产卵，卵产在5月间，将近繁殖时，雄鹤常把两翼广展左右，颈向前伸，随后头俯向地，两脚朝空，且跃且舞，风趣百出，雌鹤却静止不动，卵每产2枚，形似鸭卵较大，长达105毫米，最大直径65毫米。卵壳外呈淡橄榄棕色，而缀以红褐、蓝灰色或紫灰色浓淡不等大小不一的斑点。卵孵约30天始出雏。雌雄交替孵卵，雌大多在昼间，雄在晚间。雏一孵出，即能蹒跚而行，但甚不稳。亲鸟仍时加守护照料。

郑作新题写的《国际鹤类学术研讨会》纪念封。*(1987年)*

象征友谊的丹顶鹤赠送日本后，郭沫若院长在1956年10月曾为此题词："丹顶鹤受到冈山市民的爱护，我感受着很大的欣慰。这一对高贵的鸟是中日两国人民友谊的象征，希望它们能绵延繁殖。"

近年来，我国鸟类工作者不仅在保护鹤类，开展对它的生活习性的研究方面做出了突出成绩，更为重要的是在促使它们增殖增产方面也取得明显成效。

现在我国鹤类工作者分别在野生、半散放饲养条件下及在动物园人工饲养条件下进行这方面的研究。通过饲养驯化，黑龙江扎龙鹤类自然保护区现已有一个不迁徙而能终年留居的鹤类群体。同时，在江苏盐城及其他鹤类越冬地区，人们培育出繁殖群。中国鹤类原来都是迁徙性的候鸟，春季北迁，秋季南移。通过人工的精心驯化后，我国不但已把野禽驯为家禽，而且把候鸟培育为留鸟，改变了鹤的习性。

有些画家把鹤绘在松树上，象征松鹤延年，这是一种艺术。实际上鹤不可能栖息于树上。因为鹤脚上的后趾短小，而且位置高于前三趾，即前后趾不在一个平面上，所以它不能握住树枝。人们往往将鹤与鹭混为一谈。鹭与鹤都是涉禽，但鹭的后趾发达，而且与向前的三趾同在一个平面上，因而易于握住树枝，而栖息于树上。

1983年《北京晚报》曾就鹤是否能栖息于松树上开展了讨论，以后我应读者的要求写了一篇题为《鹤与鹭的区别》的短文，登在1983年4月3日的《北京晚报》上，指出两者的区别。

现在在黑龙江省齐齐哈尔市的东南隅创建的扎龙鹤类自然保护区，经过多年建设已驰名国内外。若在春季鹤类繁殖季节前去参观，你一定能看到饶有情趣的"鹤舞"。

从枪杀天鹅的事件谈起

1980年12月，在北京玉渊潭公园发生了枪杀天鹅的事件，轰动了京城。许多报刊纷纷报道这个惊人的消息及广大市民对保护天鹅的痛切呼吁。

我作为一个鸟类科学工作者，当然非常激愤和痛心，同时深感普及鸟类知识的重要，宣传爱鸟、护鸟任务的艰巨。我接受记者的采访，在电台发表讲话，宣传保护珍禽的意义，呼吁将爱鸟作为精神文明建设的一个重要内容，将爱鸟看成是一种社会美德，说明爱鸟是一个国家文明程度的标志。同时，我还发表文章介绍有关天鹅的知识，《欢迎天鹅再飞来》就是其中的一篇。

我国产有三种天鹅，即大天鹅（黄嘴天鹅）、小天鹅（短嘴天鹅）、疣鼻天鹅（赤嘴天鹅）。它们体羽均为白色，其中疣鼻天鹅体大嘴红，是最大最美丽的一种。在北京玉渊潭公园被枪杀的就是这种天鹅。国内的天鹅，除小天鹅外，都在我国境内繁殖。在美洲北部，还有啸声天鹅及咳声天鹅，它们在北美的西北隅繁殖，冬时南迁，这两种天鹅也是白色的，与我国的三种天鹅一样统称为白天鹅。

此外，还有黑天鹅与黑颈天鹅。尽管在芭蕾舞剧中，黑天鹅充当了恶魔的角色，但事实上我们在澳大利亚亲眼看到的黑天鹅，体羽黑得发亮，衬着红嘴，神采奕奕，很招人喜爱。黑颈天鹅产于南美，在大西洋福克立群岛终年留居。

我国的三种白天鹅，生活习性非常相似。它们平时栖息于湖泊或江河附近，游泳自如，但在地面上行动却很笨拙。它们以水生植物的籽、茎、叶以及杂草等为食，常在浅水的泥中捞吃植物，有时也觅食少量的蠕虫、软体动物、水生昆虫等。

白天鹅的伴侣常是终生的，一只死了，另一只会呆立在死去的天鹅旁边，久久不离去。它们都在地球的北部地区繁殖，选址多在大片的芦苇滩中，以芦苇和其他植物的茎、叶以及泥土等营巢，内铺以细嫩枝叶和杂草，还常有些绒羽。产卵一般4—6枚，有时多至9枚。卵呈苍绿色，杂以污白色细斑。孵卵主要由雌鸟承担，雄鸟常在附近的水面上守望。初生的雏鸟呈银灰色，周身绒羽柔软丰满。7—8月间，天鹅开始换羽，双亲带着幼鸟往人迹罕至的芦苇滩中隐匿，到9—10月间，它们大都整个家族甚至几个家族一起结群南迁越冬。

它们南迁的具体路程是不一致的，有的由天山往南经青藏山谷而到印度的东南部，大约有4000公里的路程。最远的路程是由天山到南非的多利亚湖，足有7800公里。以平均每天飞行200公里计算，天鹅需要20—40天才能飞完全程。另外，不论是到印度还是南非，中途都要跨越喜马拉雅山。这100多公里的高寒山区，到处是雪谷冰川，随时有雪崩、冰陷的可能，它们不仅不能落下来休息，而且需要以更快的速度飞越该地区。在飞越珠穆朗玛峰时尤其如此，那里空气稀薄，严重缺氧，人们在攀登珠峰时，都深有体会。而天鹅凌于珠峰之上空，高空氧气更稀少，气温更低，困难更大。飞越天险，它们却能一气呵成，可以想象，这需要何等的体力，何等的飞行技能和勇气！它们的毅力和耐寒本领都是人类所不及的。

天鹅美丽多姿，是不多见的大型珍禽。现今国际上十分重视对天鹅的保护，不少国家还把它开发成旅游资源。如英国伦敦附近的"天鹅湖"、日本北海道的"天鹅海"等。

1983年，我国邮电部专门发行一套《天鹅》邮票，共4枚，在方寸之间融科学性与艺术性为一体，深受广大集邮爱好者的欢迎。当时，我应《集邮》杂志编辑部之约，写了题为《漫话天鹅》的文章。我把这视为宣传保护珍禽的重要性的一个机会。

1988年，新疆环境保护科学研究所在巴音布鲁克草原发现大群的天鹅。现已在此建立保护区。这是我们中国，也是亚洲大陆上唯一的"天鹅湖"，我们期待这个天然宝库兴旺，并盼望在我国开辟更多的天鹅湖。

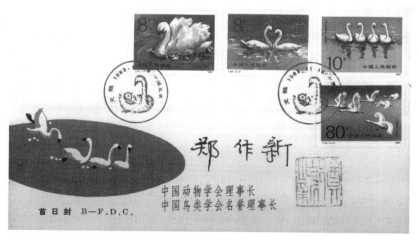

郑作新签名的天鹅邮票首日封。 *(1983年)*

一只怪蛋

河北省昌黎县的凤凰山是一个著名的果树区，山里、山外、山下、山腰，长着成千上万的梨树和杏树。

我们从1953年开始就在昌黎作鸟类的调查研究工作。我们背着猎枪在果树区附近，采集了近200种鸟类标本。后又用望远镜观察益鸟的生活史和生活习性，并由河北农学院昆虫教研组负责做鸟胃的剖验，看哪些鸟食害虫，对果树有益。为进一步研究，我们在果园里挂了200多个人工巢箱，做益鸟招引试验。

通过观察，我们发现大山雀是当地一种最常见的果树益鸟，它食了不少的害虫，像桃小食心虫、青刺蛾幼虫、天牛幼虫、夜蛾幼虫等。大山雀是昌黎果树区的长期"居民"，一年到头都能见到它，而且繁殖很快。我们挂的巢箱，已有好多箱里住进了大山雀，它们在里边做了巢，产了卵，而且还孵出了雏鸟。

巢箱的样子和邮政信箱差不多，只是小一些、厚一些。在巢箱上方是一个供鸟儿出入的小圆孔。开始时当地农民不了解挂巢箱的原因。靠村边的一个院子里，有位大爷就不相信挂了巢箱真会招引来大山雀。我们一位工作人员把望远镜递给他，叫他自己看。结果他看得很真切，还说："吱伯（即大山雀）正在吃虫呢！"后来他就摘了巢箱挂到自己院子的树上。

　　大山雀繁殖期间，每天清晨4点半前我们就到林区观察，一直到晚上听不到巢箱里的动静才回去休息。从山雀做巢开始一直观察到雏鸟出巢，每天要观察大山雀喂食多少次，喂什么虫，而且还查看雏鸟何时孵出，生长情况如何。每次观察要在几分钟内完成，不能让外飞觅食的亲鸟察觉。大山雀大约每5分钟左右回来喂雏一次，我们就要在几分钟内完成爬树、开箱、解开雏鸟颈上小线、捏虫、下树躲到远处等等一连串动作。这样一天做上好些次，真是十分紧张。

　　有一天，我们在116号巢箱里发现了一只奇怪的山雀蛋。山雀蛋本来是圆的，可它却两头尖尖，这引起我们极大的兴趣。大家讨论这只怪蛋会孵出什么雀。第二天清早，我们赶紧爬上梨树去看116号人工鸟巢。一看，不禁大吃一惊，昨天的一只怪蛋而今变成了一只普通的山雀蛋！

　　一个问题没

郑作新在研究室研究鸟类标本（20世纪50年代）。

有揭晓，又来了一个问题，怎么办呢？一定要追究个水落石出。我纳闷地走到50米外的另一棵梨树边坐下，用树叶挡住身影，专心致志地朝116号人工鸟巢观望。研究鸟类几十年来，还是第一次遇到这样的怪事。昨天的那个怪蛋到哪里去了呢？

是淘气的小朋友偷去了吗？这里的孩子原来常干惊走山雀、偷走鸟蛋的事，使我们的工作前功尽弃，但是，自从我们开展爱鸟宣传以来，情况有了很大改变，我们估摸不是小朋友"偷"了。

也许是被蛇吃了。几天前我们曾将一条大蛇从树洞中拖出来，抢救了一窝小啄木鸟的生命。想起这事我们便打了个寒战。正想四面看看，忽然觉得有什么东西钻进了116号巢箱。我急忙拿起望远镜，聚精会神地观察起来。忽然，我看见一只麻雀，衔着山雀蛋从小洞口飞出来，接着还出来一只雌麻雀。

谜底终于揭开了，原来是麻雀偷山雀蛋。可麻雀为什么要偷山雀蛋呢？这需要进一步研究，于是我们继续观察。

这一对麻雀果真又飞回来了，不过它们衔的已不是山雀蛋，而是一嘴的羽毛和树枝。它们迅速地飞来飞去，运来了许多羽毛、细枝，在116号人工鸟巢里做起它们的窝来。原来它们偷蛋是为了抢占山雀的窝。

山雀早就回来了，它们在附近的地方"吱伯"、"吱伯"地叫着，表示自己的愤恨和抗议。但它们不敢飞近巢箱，看来它们怕麻雀，因为山雀比麻雀小些。经过半天的观察，我们发现麻雀还会欺侮别的小鸟。

麻雀每年从仲春到初秋，3次产卵育雏，但它不善于造巢，大都在农家房檐、墙洞、瓦缝儿里筑窝，同时它还有"强占民房"的记录。有一次，我们正在观察，发现一只椋鸟巢里突然鸟声嘈杂，乱作一团。走近一看，鸟羽、草屑飞抛一地。一会儿，一只麻雀被椋鸟赶出来，这次占窝未遂。

麻雀"强占民房"及偷蛋的行为着实让人生气，第二天早晨，我特地带了猎枪，跑到那里，把那两只麻雀打死了。于是那可怜的大山雀，才又回到它原先温暖的家。

郑作新给研究生讲课。*(1980年)*

鸟类的环志

记得1965年，南方某地猎获了一只大雁，它脚上带有金属环，这就是被环志的鸟。但是在当时以阶级斗争为纲的政治氛围中，这只环志鸟被认为是敌对国对我国进行间谍活动或生物战（细菌战）的媒体。于是该地派人乘飞机将大雁送到北京鉴定。

为此，我在1965年9月23日的《人民日报》上发表《鸟儿脚上为啥挂铝环?》的文章，说明鸟类环志的意义。

用系统的科学方法进行环志，始于1899年，丹麦鸟类学家马尔顿逊第一个把印有系统号码的铝环，分别挂在162个小椋鸟的脚上，以后他又对鹳、水鸭及海鸟等进行了环志工作。他所用的方法，以及这些方法所取得的成效，引起欧洲其他鸟类工作者的兴趣，从而使环志方法迅速被其他国家所采用。我国在中日、中澳候鸟保护协定签订后，于1982年由林业部领导成立了"鸟类环志办公室"，林科院设"鸟类环志中心"，先后成立数十个鸟类环志站点。

为什么要在鸟的脚上挂铝环呢?

第一，有利于开展对鸟类生活史的研究。环志法能使我们准确地了解到一对鸟所占巢域的面积，雌雄鸟对巢域的依恋度，它俩在孵卵和育雏中所分担的工作，在育雏过程中的取食范围以及飞行距离等。另外，还能了解到在不同季节中鸟的飘游范围，配偶间及邻鸟的关系在种群中的地位，首次繁殖的年龄，以及雏鸟的发育、被羽、体重变化、换羽及出飞后的扩散等。同时，还能探究一只成鸟一年间繁殖几窝，能繁殖几年，历次繁殖能否返回旧巢，历次繁殖配偶关系怎样，成鸟在自然界中寿命多久等。现在有些专著对鸲、歌雀、银鸥的研究已很有成效，这都得益于环志的方法。

在生活史研究中，为了避免每次观察时都去捉被观察的鸟，还可使用有色的脚环加在号码环上。这样在远处观察就可以区别它们。

第二，是对鸟类迁徙的研究。环志法是鸟类迁徙研究中非常重要的方法。

环志法证明英国三岛上孵出的绿头鸭和赤颈鸭均是半留栖的。但欧洲大陆孵出的则作长距离的迁徙。在黑海附近孵出的赤颈鸭曾向着西北横越欧洲，而在英国三岛越冬。在冰岛孵出的赤颈鸭向西南飞去，冬季驻留在北美洲沿岸一带。

被套环的鸟横渡大西洋的最长距离的记录，由一只北极鸥所保持，它在1951年7月8日于格陵兰西部被套环，而在1951年10月30日被回收于东南非洲的纳塔耳，相距18000公里以上。

我国特产鸟类如丹顶鹤、鸳鸯等以及经济鸟类如各种水鸭、大雁、斑头雁等，它们在国内迁徙途径、繁殖、换羽及越冬地区、逗留时间等都值得利用环志法加以研究。

其实，1955年我曾在《生物学通报》第11期上撰文《我国

郑作新在标本室工作（1979年）。

候鸟的迁徙》，已经提及人们往往依靠环志来研究候鸟的南迁北徙都经过什么地方，而且中国科学院动物研究所曾经于1959—1960年在北京对黄胸鹀进行了环志工作，把南迁的鹀捕获后，逐一套环后放飞。自1962年直至现在还对麻雀及其幼鸟进行环志，以研究其繁殖习性及活动范围等。

可惜，当时科学还不普及，许多人对鸟类的环志亦不了解，结果闹出"四处皆兵"的误解。实际上使用候鸟进行生物战早已过时，各种航空器的使用远比候鸟准确、有效。

当时的政治氛围还影响我们环志工作的开展。记得就在20世纪60年代初，有个国际鸟类研究机构愿意资助国内开展鸟类环志工作，这在改革开放的今天，是可以协商并达成协议的。然而，在当时，我们却断然加以拒绝。这使我想到我们对鸟类环志工作的认识并不晚，但是开展得晚且少，这与当时的政策有关。现在全国鸟类环志中心自1982—1992年这10年间共环志放飞186种62764只鸟，包括涉禽、猛禽、鸣禽，并曾回收94种954只，从而分析出候鸟迁徙的途径和区间，这是国内首次由中国学者作出的关于候鸟迁徙规律的成果，引起国际同行的重视。

鸟类环志的资料是很珍贵的。有时科学工作者放飞100只环志鸟，只能收回1—2只鸟的脚环，有时甚至还不及这个比例。所以做好环志工作既需要建立全国环志中心，以综合各地的报道，同时也需要广大群众与青少年的主动协助。小读者们，你们如果捕到环志鸟，那么就请把它脚环上的号码记下来，再予释放，然后将号码、鸟的名称以及捕捉的时间、地点等情况主动寄给设在北京的全国鸟类环志中心。

捕到的环志鸟若已死亡，最好能剥制成标本，连同脚环一起寄往全国鸟类环志中心，以便进行鉴定和研究。若剥制标本有困难，则将这只鸟的主要羽色及其他特征记录下来，连同脚环寄给上述中心。如能把头部、翅等切下，一并寄往是有助于鉴定工作的进行的。

如果碰见环志鸟，无论是国内环志鸟还是国外环志鸟，都请按照上述办法处理。这样才能把我国鸟类环志工作做得更好，也有利于推动鸟类研究工作的开展。青少年朋友们，你们一定这样做好吗？

另外我还告诉大家，当今，我国已开始采用"无线电追踪监测技术"，对捕获的鸟安装无线电追踪发报器和用无线电追踪监测，以测定其迁徙规律与路线，从而获得更为精确的资料。

把鸟儿还给蓝天

我首先要翻开一页悲惨的记录。

南印度洋上有一个岛屿叫毛里求斯，岛上产有三种鸟，即愚鸠、孤愚鸠及孤呆鸠，都属愚鸠科。它们在岛上自由地生活着、繁衍着，从来没想到当该岛及附近岛屿1591年沦为荷兰的殖民地后，它们竟会遭到灭顶之灾。殖民主义者的水兵和被放逐到岛上的囚犯肆意捕杀它们。愚鸠躯体与吐绶鸟（火鸡）一般大小，体重可达30多公斤，两翅退缩，尾及两脚均短，既无飞翔能力，又奔跑不起来。在短短的几十年间，愚鸠数量急剧减少，到1681年终于灭绝了，其他两种也在1750—1800年间遭到同样的厄运。这是有科学记载的鸟类首次绝灭的记录。更可惜的是连个实物标本都没存留，我们今天见到的只是这几种鸟的画像。

可怕的是这种灭绝的记录越来越多。

近百年来，由于环境的污染，以及人们乱捕滥杀，破坏了鸟类的生存环境，很多鸟儿面临灭绝的危险，有的已经灭绝。据统计，从1600年到1900年的300年间，有90种鸟绝灭，而且近来鸟类绝灭的速度还在加快。

　　像迁徙中必经我国的候鸟"凤头麻鸭"，自1964年有人看见过三只鸟，认为可能是这种麻鸭以后，就再也没有发现过。朱鹮是一种非常美丽的珍贵的鸟，从前数量很多，分布较为广泛，但是在60年代初却失踪了。直到1981年，我国鸟类工作者经过3年的艰辛考察，横跨13个省，行程5万公里，才在秦岭中（陕西洋县）发现7只，经过精心保护、培育，现在已繁殖到80多只，它显然也是濒临灭绝的鸟类。在日本，80年代初期，朱鹮仅存几只，而且在这几只中，仅有一只雄鸟，该鸟已很老，不起作用。随后我国赠送给日本一对朱鹮，不幸的是这一对中没多久就死了一只，日本于是要求再送。至今日本的朱鹮已成为繁殖群体，它们都是"华裔"。

　　鸟类是自然界中不可缺少的部分，它是维护生态平衡的重

郑作新在第四届世界雉类学术大会上发言。右为世界雉类协会主席基恩·豪曼先生。（1989年北京）

郑作新参加国家科委组织的招鸟工作座谈会。（1986年爱鸟周）

要卫士。有资料表明，安徽的皖东和池州地区，过去松毛虫、大袋蛾等虫害泛滥，用农药防治收效甚微，以后招引益鸟，以鸟治虫，取得很好的效果。有些害虫躲在树干里或藏在卷叶中，人工挖取或喷药很难奏效，而啄木鸟与大山雀却可轻易地将它们搜捕出来。至于猛禽（如老鹰、猫头鹰等）对鼠害的控制更是功不可没。有材料说明，1只猫头鹰一个夏季可捕食1000只田鼠或小家鼠，如果1只田鼠一个夏季糟蹋1公斤粮食。那么，1只猫头鹰一个夏季就保护了约1吨粮食，它们的益处是明显的。因此，保护鸟类，实际上也是保护了我们人类自身。

中日候鸟保护协定，并不是单纯地讲"保护"，它还明确了保护的目的是为了合理利用。因此协定中规定："两国政府可……根据各自国家的法律和规章规定候鸟的猎期。"也就是说对于鸟类资源我们提倡在合法、合理的条件下加以利用。

我在中日、中澳候鸟协定签订之后，结合我国的实际，提出保护我国鸟类要走"保护、保育、保全"的道路。这个"三保"的提法，实际上是我多年从事鸟类资源开发的经验的概括与总结。

首先是"保护"。我们对鸟类应采取保护的态度。这也是我们开展"爱鸟周（月）"宣传的一个目的。作为一个公民应树立爱鸟的美德。目前国民爱鸟意识还相当淡薄，有人认为"野生无主，谁打谁有"；一些人以吃生猛珍禽为时尚，乱捕滥杀屡禁不止；还有人宣扬提笼架鸟为一种文化，这实际上是一种误导，这是只顾自己、不顾及社会和他人的行为。在捕捉与贩运过程中，鸟的死亡率很高，更为严重的是，捕鸟者往往不分青红皂白，使得一些珍稀鸟类越捕越少，所以，有关养鸟的舆论导向，也应跟上社会发展的形势，养鸟应以人工种鸟为限，野生种的鸟应"还鸟于蓝天"。

保护鸟类的形势还很严峻。这从保护鸟类的名单上就可以看出。1973年国家提出的保护鸟类名单是17种，1980年发展到53种，1985年已达97种，1989年已增至225种，近年来还要增补更多种。这个事实说明，越来越多的普通鸟以相当快的速度进入了被保护的名单之中；这个动态的数字还告诉我们保护鸟类工作远未达到良性循环的境地，我们的工作还任重道远，希望有更多青少年朋友加入保护鸟、爱鸟的行列。

其次是"保育"，就是保养培育，使它们增殖增产，更好地满足国家和人民的需要。我国有许多特产鸟类，如褐马鸡、金鸡、黄腹角雉等；有些虽不是特有种，但有观赏价值，如丹顶鹤、鸳鸯等；还有一些有用（如肉用、羽用）和有益（如食虫、食鼠）的。对这些鸟类都应进行"保育"，以便开发与利用。

保育，先要解决养活的问题，即禽舍、饲料以及传染病的防治等问题；再是养壮，讲究营养配方、科学的饲养方法；接着才是使其增殖增产，达到一代又一代地繁殖。最终还要设计将繁殖的部分成员有选择地放到它们先辈生存的环境中，这就是回归大自然。

当然，也可以采取人工饲养的办法，以不断开发其资源，其中有用种也可以被我们驯化，成为家禽中的新成员。就像目前国内许多地方开展的肉鸽、鸵鸟和吐绶鸟（火鸡）的饲养那样。

再就是"保全"。就是说要保护好野生动物的栖息环境，如阔叶林、针叶林、混杂林以及各种湿地。不同的林草植被是适应不同鸟类生息的，如松鸡是栖息于针叶林（松树）环境中，而水禽、涉禽则生活在湿地中。所以只有保护各种各样的生态环境，各种野生动物包括鸟类才能"安居乐业"，得到"休养生息"。

当前，鸟类急剧减少的一个原因就是其生态环境被破坏。为此，我们曾建议建立自然保护区以便对珍稀动物（包括鸟类）进行保护。从1976年黑龙江省建立扎龙鹤类自然保护区以来，在山西省庞泉沟和芦芽山又建立了褐马鸡自然保护区。目前我国专为鸟类建立的保护区有50多个，各种类型的自然保护区已有数百个。但是从我国国土总面积来讲，保护区的面积所占的比例还较小，数量也偏少。

保护区的建立起到了保护自然环境、保护动植物资源的作用。当然，更为重要的是应该植树造林，绿化祖国，保护好整个自然生态环境。只有这样才算真正做到了"保全"，从而才能谈得上"保护"与"保育"。

　　人类为了自身的生存与发展，必须改变以往对资源肆意采捕的做法；必须重新认识人类自身与自然的关系；必须努力寻求一条人口、经济、社会、环境和资源相互协调的，既能满足当代人的需要，又不对后代人的发展构成危害的可持续发展的道路。我希望能在这个总的发展战略的思想指导下，来认识"三保"的意义和紧迫性，来落实爱鸟、护鸟、招引鸟的各种措施，以实现"人爱鸟，鸟护林，林涵水，水养人"的良性循环。我们中国应该成为一个爱鸟的国家。

科学家有祖国，科学无国界

　　科学家有祖国，但科学是无国界的。我在科学的道路上行进，非常重视国际间的科学技术交流，争取在最广阔的空间最快地获得最新的研究信息，这样能更快取得科研成果，为社会服务。居于一隅、封闭摸索对科学研究是不利的。

　　可以说1945年我在美国任教授期间就开始从事国际学术交流活动了。我在美国各大博物馆参观、访问，查看中国鸟类的模式标本和文献，从中学到了很多东西。也曾在一些有名的大学作学术报告，介绍我研究中国鸟类的情况，使美国学者对我国的鸟类研究有所认识和了解。

　　1957年5月，我被中国科学院派往前民主德国进行鸟类研究方面的交流。我在柏林逗留了两个月，大部分时间在柏林的动物博物馆从事研究，并经常与著名鸟类学家施特斯曼交谈学术问题。

　　1957年7月，东欧各国在柏林召开自然保护会议，邀请中国参加。我国林业部和中国科学院通知我国驻德大使馆，请我作为中国代表参加会议，这是我国代表第一次参加国际自然保护会议。

会议在东柏林的一座饭店里举行，有前苏联、保加利亚、联邦德国等国的代表30多人参加。这次会议着重讨论了几个问题：自然保护与工业建设的矛盾；水土保持与防止水源变污的重要性；景观调查研究；自然保护对劳动人民休养的关系等。

各国代表先后在会上介绍了本国在自然保护方面的设施概况及工作中所发生的各种问题。前民主德国的代表发言时说到他们已建立200个自然保护区，272个临时禁伐区，334个景观保护区，还有约1万个自然纪念物，此外还有一系列动物和植物被列入应予保护的范围。

我在会前作发言准备。由于当时建国不久，政府正努力解决民主革命遗留下的任务，虽已开始搞经济建设，公布了第一个五年计划，但对建立自然保护区还无通盘的计划。我在会上只作了《中国动物地理区划及国内自然保护初步计划拟议》的报告，想不到得到了与会代表的好评。代表们对我们建国后几年间在动物研究方面取得的成果表示赞赏。

在会上，我认真地把各国自然保护区的实况和措施记录下来，有的代表还赠送给我有关资料。回国后我将会议

郑作新在柏林博物馆。 *(1957年)*

郑作新与林业部原副部长董智勇（左）一起访问日本，受到山阶芳磨先生欢迎。（1980年）

情况写成书面材料向领导汇报，还提出关于加强我国自然保护工作的建议，同时在报刊上进行宣传。我想尽自己的努力促进我国自然保护工作的发展。

1980年1月，国际水禽与鹤类会议在日本北海道札幌举行。会议是由日本、英国组织的，日方向我国发出邀请，中国科学院派我率代表团前往参加。

会议约有数百人出席，我与几位中国代表在会上作了学术报告。在这期间几乎每天晚上我都要接受记者的采访，第二天当地报刊就发表采访的内容。

会议期间，我们和日方就濒临灭绝的朱鹮问题举行了专门的座谈会。两国学者都希望合作进行这方面的保护工作。这就为中日两国之间超越国境的野鸟保护和研究，明确了具体的交流内容和途径，也为以后中日两国进行候鸟保护的合作创造了条件。

1980年11月，为了与日本政府进行候鸟保护协定的谈判，我国林业部派出一个代表团，中国科学院推我与谭耀匡为代表，一起前往日本东京谈判。

这次谈判，气氛始终是亲切和谐的，很快达成初步协议。

1981年3月3日，《中华人民共和国政府和日本国政府保护候鸟及其栖息环境协定》（简称"中日候鸟保护协定"）在北京正式签订。协定共6条。协定所附的候鸟名单，暂定有227种，约占日本鸟类种数的45%，中国鸟类种数的20%。

这是我国第一次在鸟类方面与外国签订协定。协定的签订不仅加强了中日两国候鸟的保护及环志工作，而且在候鸟研究的过程中，进一步巩固和发展了中日两国人民的友谊。

中日候鸟谈判代表合影。 *(1980年，东京)*

青少年朋友从上面这些事实可以看到，科学是无国界的。因为认识大自然、保护大自然、改造大自然不是靠一国或几国的力量能完成的，必须全人类共同努力才行。

　　在改革开放的今天，我们应该把中国的科学带上世界大舞台，也要在国际社会里认真学习，吸取信息，以更快地发展我国的科学事业。

郑作新陪同万里委员长参观北京自然博物馆。（1982年）

　　在中日候鸟谈判的过程中，我们就考虑到有关保护条例的落实问题。1981年中日候鸟保护协定在北京签字后，林业部就联系有关部门进行研究，当年9月由七个部委联合署名向国务院提出"关于加强鸟类保护执行中日候鸟保护协定的请示报告"。报告提出为落实协定要做好的工作，其中就有"建议每年四至五月初各地根据实际情况确定一个星期为'爱鸟周'"的内容。

　　当月，国务院就批转了这个"请示报告"，要求各地执行。这样爱鸟、护鸟活动就成为法令的要求。

　　于是从协定签订的第二年4—5月间，在全国范围内普遍开展"爱鸟周"活动。我从首届爱鸟周开始就积极参加有关宣传活动，写文章、上广播电台、参加科普讲座或大会等等。许多科普工作者还办展览、作画、作曲、撰写童话故事，广泛开展爱鸟、护鸟的宣传。邮电部也配合宣传活动，发行鸟类的特种邮票。我们的目标就是要使爱鸟、护鸟逐步成为社会的一种高尚风尚，要使爱鸟、护鸟成为每个公民应尽的义务，要让我们

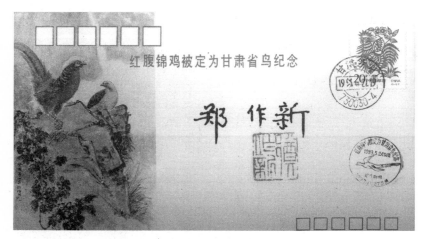

甘肃省将红腹锦鸡定为"省鸟"。此为郑作新当年的集邮收藏。（1993年）

的国家成为一个爱鸟的国家。

经过多年的努力，人们对爱鸟、护鸟的认识有了提高，认识到鸟类是人类的朋友，搞好爱鸟护鸟是搞好人与自然和谐发展的重要内容。是使人类获得可持续发展的一个重要组成部分。

现在国际上爱鸟活动开展得异常活跃，而且形式多种多样，为使保护鸟类、特别是那些珍稀濒危种类的保护工作变成全社会的共同行动，国际鸟类保护组织还呼吁世界各国选定"国鸟"，以推动这项工作的开展。

1983年4月在北京开展爱鸟周活动时，我应北京晚报社之约，在晚报发表《谈谈"国鸟"》的文章，提出选择国鸟应考虑以下几点：①我国特产种类，②濒临灭绝的种类，③经济价值较大的种类，④对农业、林业、畜牧业益处显著的种类；⑤羽毛美丽、鸣声动听的种类等条件。

世界上最早确定国鸟的国家是美国，他们将濒危的白头雕作为国鸟，同时美国各州也确定自己的"州鸟"。

现在我国有些省市已确定自己的"省鸟"。如甘肃就将红腹锦鸡定为省鸟，对于我国的"国鸟"，人们正踊跃发表意见。现在体态秀逸、性情幽娴、象征长寿的丹顶鹤（仙鹤）与华丽富贵、颇有经济价值的红腹锦鸡（宝鸡），受到人们更多的青睐，相信再经过一定时间的酝酿，将来全国人民代表大会将对"国鸟"作出决定。届时，我国的爱鸟活动必将登上一个新的高度。

郑作新在北京少年馆给小朋友讲爱护鸟类的意义。（1983年6月）

难以忘怀的观鸟活动

在科学知识普及的今天，我提倡青少年朋友到大自然中去"观鸟"。在大自然中观察鸟的生活，寻找和发现鸟的种类，这是一种学习，是一种考察，同时，也好比郊游、听音乐、看球赛一样，是一种精神享受。

下面的情景实在令我难以忘怀。

1978年，我赴伦敦参加世界雉类协会年会，其间，曾参观过伦敦附近的天鹅站。站里有一间小屋，上下都装有玻璃。从窗户向远处望去，湖面上一群天鹅，约有上千只之多。它们有的在湖上空飞翔，有的在湖中戏水，绿绿的湖水与洁白的天鹅构成一幅绝美的画面，令人心旷神怡。每天晚上有人给天鹅喂食。站上装有高压灯，喂食时灯光普照如同白昼，附近天鹅竞相飞来，争先恐后啄食，毫不怕人，场面非常动人。

我还曾去英国西部海岸附近的斯林布里奇的水禽研究中心观鸟。走进这个中心，就好像来到了一个人和鸟关系亲切的欢乐世界。这里饲养着180种2500多只来自世界各地的水禽，成为世界上一个收集水禽最多、规模最大的研究和展览中心。

这个中心的最大特点是鸟绝对自由，而人是不自由的。人只能通过隐蔽小道进入观鸟棚里观鸟。棚里备有高倍望远镜，可以清晰地看到远处的水禽。残疾人可以坐着轮椅上去。为了方便儿童观鸟，这里还备有可以升降的坐椅。窗外面是广阔的河面、沼泽和草原。到了冬天，铺天盖地的雁、鸭、天鹅汇集在这里，景象非常壮观。

　　1980年1月，我在日本北海道札幌参加国际水禽与鹤类会议期间，曾参观了海边的"百鸟台"。这是建在海边的一个平台。站在台上向前望去，见到的不是蔚蓝色的大海，而是白白的一片"天鹅海"，数不清有多少只天鹅，它们自由自在地活动着，一会儿展开美丽的两翅低空盘旋，一会儿把头藏在翅膀底下在海面上飘荡，一会儿又把脖子扎到水里，千姿百态，出没海间，十分夺目。人们可以在远处用望远镜观察，也可以来到它们的身旁细看。如果你手上拿点饼干之类的食物，它们还会很快游到你的跟前，把嘴直伸到你手上来。这时你可以抱住它，抚摸它全身柔软丰满的绒毛。这一片"天鹅海"每年都

在野外观察鸟类活动 *(1980年)*

吸引很多游人前来观看。

在我国台湾、香港，每年还有组织鸟友进行观鸟比赛的活动。为了方便游客和鸟友观鸟，当地还专门出版了《观鸟手册》《赏鸟地图》等书籍。有的国家将观鸟的文章编入中学教科书。在北京，最近也有组织群众观鸟的报道。我相信这种活动将会引起各界的重视，从而得到逐步普及。

现在世界许多地方都开展以观鸟为内容的旅游活动。

在我国也有人去青海省的鸟岛观鸟；去黑龙江省的扎龙观鹤；到江西省的鄱阳湖看水禽……有些地方有待进一步开发，以便让更多的人去观鸟。

其实，我们可以因地制宜，利用各地的条件到野外观鸟，真正将爱鸟与保护鸟的行动结合起来。事实上，群众性的观鸟是一种体育与艺术相结合的活动。在野外活动，不但可以使身体得到锻炼，而且通过观鸟可以陶冶性情。每当看到鸟儿在树枝上亲昵地相互梳理羽毛，聒噪地争吵、打斗或鸣唱，你会感到你面对的是一幅生命跃动的艺术画面。鸟儿的任何举动都显示出生命的活力。这种艺术享受是欣赏任何一幅花鸟名画所不能比拟的。这样做既不影响鸟类自在的生活，也保护了环境与生态平衡，还可以将认识鸟、保护鸟的活动发展为一种群众性的科普活动，形成良好的社会风尚。

另外，我想提醒大家，在野外观鸟，一般需要合适的望远镜、双目镜、照相机、录音机以及图鉴等作为工具，同时，还应带上笔和记录簿等。每次观鸟后，应对当时气象条件、鸟类停歇环境或飞行状态作些描述，这样会使自己的生活变得更加丰富。有些鸟友在长期的鸟类观察中，拍摄下许多十分生动珍贵的鸟类照片，还集资出版鸟类图集。鸟儿，已成为他们生活中一个重要的内容。

有些孩子也许会问：不就是观鸟吗？我在家观笼中之鸟不一样吗？我要告诉你，不一样。我们中国有一种"提笼架鸟"的传统，以前还有舆论宣扬这是一种鸟文化。其实，饲养一些观赏鸟，训练它们说话、唱歌，陪伴自己生活，正如许多人养猫、养狗一样，本来无须指责和非议，但是将"提笼架鸟"说成是"爱鸟"，却扭曲了"爱"的涵义。把笼鸟放飞大自然，让它们美化环境，让食虫的益鸟自由自在地捕食害虫，这才是真正的爱鸟。

早在900年前，大文豪欧阳修在《画眉鸟》一诗中写道："始知锁向金笼听，不及林间自在啼。"清代的郑板桥也说过："平生最不喜笼中养鸟，我图娱悦彼在囚牢，何情何理，而必

郑作新在"招鸟"活动大会上宣传爱鸟护鸟。 *(1986年)*

屈物之性以适吾性乎？"更为重要的是，社会发展到今天，随着科学文化的进步，人们对野生动植物的认识和感情也在发生变化，人与自然的关系已从工业化社会的"征服自然"走向今天要"协调人与自然的关系"。现在应该重新认识"提笼架鸟"这种文化传统了。对笼养鸟应加以限制，再不限制，随着捕捉工具和技术的进步，野生鸟类就有绝灭的危险，而且在捕捉过程中许多珍稀鸟类也将遭灭顶之灾。

现在国际上把保护鸟类作为衡量一个国家和地区的自然环境、科学文化和社会文明进步程度的标志之一，有些国家已提出"保护所有鸟类"的口号。在这些爱鸟已成风气的国家里，居民在窗台、院落里放置招引鸟类的食盘；在各种场合，鸟儿敢于落在人的身边与人相伴，此景此情真让人羡慕。

我希望这种认识和风气在我们国家也普及开来。青少年朋友们，让我们一起努力，好吗？

　　1978年，我和研究生卢汰春赴英国参加世界雉类协会年会。11月21日，我们飞抵伦敦。协会主席、英国水禽局局长马修斯先生亲自到机场迎接。当天英方还开了欢迎宴会，会后协会理事豪曼教授邀我到他们家里住宿。他家在泰晤士河畔，环境优美、宁静，寓所陈设洋溢着学者家庭的气氛。好客的主人特意将他们的卧室让给我们居住，其盛情难却，至今印象很深。

　　第二天早餐后，主人带我们到后院游览。啊，好大的一个庄园！这里养着近百种雉类。饲养场中央有一个湖，湖面上有许多鸟在自由自在地嬉戏、游动，其中有加拿大鹅、疣鼻天鹅和黑水鸡等。庄园里还饲养着很多种孔雀。

　　庄园里有来自世界各地的珍稀雉类，包括巴基斯坦的彩雉、印度的灰原鸡、加里曼丹的凤冠火背鹇、泰国火背鹇和产于南美洲的裸面凤冠雉。当然，也有来自我国的褐马鸡、藏马鸡、红腹锦鸡、白腹锦鸡、白冠长尾雉以及白鹇等。使我惊讶的是在这里我见到一对灰腹角雉。灰腹角雉分布于我国西藏东

郑作新与英国马修斯教授在剑桥大学
生物系合影。（1978年12月）

南部和云南西北部以及不丹、印度、缅甸与我国相毗邻的地区，常年栖息在1800—4000米林冠下的茂密灌丛中，野外数量非常稀少。我国鸟类工作者在数十年野外考察中，仅在云南的高黎山收集到一只雄鸟标本。能在英国的庄园见到珍贵的灰腹角雉令我非常高兴。

豪曼教授在饲养中进行观察研究，经常发表有关的论文或报道。他们夫妇也饲养一些经济鸟类，以不断补充庄园的开支。

当天，我们又到距伦敦50公里的英国自然历史博物馆特林鸟类分馆参观。特林鸟类博物馆收藏着来自世界各地的150多万号标本（其中包括中国的1万多号标本），它们被英国政府视为宝贵财富，日夜都有警卫看守。该馆珍藏着极为珍贵的800个种和亚种的模式标本，5000号鸟巢，100多万号鸟卵；此外还有800多个鸟类骨骼和1200号浸制标本。

全馆的研究工作共有3个方面，即鸟类分类小组、鸟类骨骼研究小组、鸟巢鸟卵研究小组。鉴于英国本土仅有鸟类500种左右，鸟类及其区系已基本调查清楚，现已把重点放在编写世界鸟类志，或到第三世界做些鸟类分类区系工作，如"世界乌鸦"　"世界鸠鸽"　"非洲鸟类繁殖分布图"等。

　　他们还建立了野外研究基地，开展野鸟行为、习性、繁殖生态和种群密度及其消长规律等方面的研究工作，从自然界中获得第一手资料。在研究工作中，他们将现代技术的新成就用到鸟类学研究中去，诸如使用录音设备和声谱分析仪，开展鸟声学研究；使用最新遥感技术、微型发报器、电子计算机，开展鸟类的迁徙研究；使用X光机显微照相机，进行鸟的骨骼研究等。

　　特林鸟类博物馆不仅拥有大量标本，还有比较完整的图书资料。全馆珍藏有20多万册专业书籍和400多种包括英、中、法、日、俄、朝鲜等国鸟类方面的杂志。还有特别书库，专门收藏已经绝版的书籍和刊物。因而它已成为全世界鸟类研究中心之一。

　　馆内每日下午4点左右都有茶会，会上可随便交谈并讨论

郑作新在英国牛津大学讲学。（1978年）

问题，这样便于进行学术交流，活跃学术思想。所以，每年都有上千名世界各地的鸟类工作者前来进行研究工作。我当然也不会错过这样的机会。我如饥似渴地查阅和利用这里的馆藏资料，对我国鸟类工作进行考查。

12月4日，世界雉类协会年会在苏格兰的因弗内斯（Inverness）召开。会议的情况我已在本书第一篇讲过。

会后，我被邀赴牛津大学参观和作学术报告，次日，伦敦报纸又报道了我在牛津大学进行学术交流的消息。这次英国之行，提高了我国鸟类学在世界学术讲坛上的地位，英国鸟类学会邀请我为该会的通讯会员。

我对伦敦人的爱鸟风气印象很深。

伦敦人认为，伤害野生动物是极不道德的行为。无论大人、小孩一般都不打鸟，不掏鸟蛋。一般人不养家鸽，但伦敦却有成千上万的野鸽。除了野外觅食，它们平日便是到人群中捡拾食物的残渣余屑。每当风雪交加的时节，有人会把食物撒在鸽窝附近或楼顶。游人最多的地方，鸟类也特别活跃。在一些广场上，总汇聚着数以千计的鸽子。它们一发现有人手捏食物，便径自上前献殷勤，或亲昵地擦你的颈脖，或落在你的胳膊上唧啾，或在人们的裤管下拍打翅膀，以求得到赏赐。

有些胆大的鸽子甚至登堂入室，到饭厅、厨房求食，这种情景，令人感触极深。我相信再过几年、十几年，随着"爱鸟"宣传的深入，人们保护环境意识的增强，也随着我们国民素质的提高，在我国也会出现这样的人鸟和睦相处的动人情景。

　　我从1946年离开美国，一晃30多年，由于众所周知的原因，一直没有与美国学术界发生通讯联系，只是辗转听到一些消息。直到中美建交后，才逐步有所交流。

　　1980年，美国科学院正式向我国科学院发出邀请，要我国派代表团访美。于是，由周培源任团长，秦力生任副团长的代表团组成。成员有化学所研究员蒋明谦、声学所研究员马大猷及动物所的我。我们都是早年留学美国并有博士学位的科学家。当我们4月17日到达华盛顿时，正值美国科学院召开院士大会，他们邀请我们参加了大会的闭幕式。

　　访美期间，除参加正式会谈外，我还专程赴波士顿的哈佛大学，在那里查看大学博物馆收藏的中国鸟类标本。学校教授、国际著名鸟类学家迈尔博士得知我到校，特设午宴招待我，并邀请我在校作学术报告。

　　晚饭后，我在学术大厅介绍了中国鸟类研究情况。出席听讲的人很多，整个大厅都挤满了听众。我讲完后，许多听众还不离去，他们团团地围住我，提了许多问题。其中有关于业务

郑作新在美国哈佛大学做学术报告后，身穿该校赠送的圆领衫。（1980年4月）

的，如现在中国鸟类研究的方向，某种标本采集的地区，以及横断山脉究竟在哪里等等；也有一些人关心的是中国现状，这里面有许多是中国留学生，他们迫切需要了解祖国的变化，了解目前国内的政治环境、人民生活状况等问题。我耐心地一一作了回答。都晚上11点钟了，还有许多听众不愿离去。

这次赴美，我还应国际鹤类基金会主席阿其博博士的邀请，到威斯康辛州国际鹤类研究中心参观。4月30日，我们抵达时，有10多位学生组成的铜乐队奏乐欢迎。阿其博说这是欢迎贵宾的礼仪，而学生们也很想见见来自中国的客人。我心中很受感动，感到美国人民对我们是友好的。我当即作了即兴讲话，表达我们友好往来的愿望。

参观这个研究中心时，看到饲养场内有世界各地的几十只鹤。饲养场是由废弃的马场改建的，面积很大，当时还属初建阶段。

5月2日，我飞往芝加哥与代表团其他成员会合，然后共同参观芝加哥自然历史博物馆。在博物馆的欢迎宴会上，我遇见了特雷勒博士，他就是那位发现"郑氏白鹇"的专家。在此相遇，我们彼此都感到格外亲切。谈起峨眉白鹇这个新亚种，我们有共同的认识和发现，从那以后，我们成为异国好友。

1981年9月，当时的中国科学技术协会要赴美国谈判关于大熊猫的研究问题，协会请我任访问团团长，科协的王政副部长担任副团长，还有团员数人。这样我又一次访问了美国。

这次赴美，我趁代表团访问密歇根州时，访问了我曾就读的大学——密歇根大学。

9月27日，代表团到达学校时，正是我国国庆前夕，中国留学生正准备召开庆祝大会，邀我们与他们共庆。在庆祝会上我遇到了美国前驻华大使伍德科克，他回国后在该校任教。伍德科克在华任大使期间，曾因喜欢鸟类，经常邀我去美国驻华使馆做客。这次相见分外亲切，他主动热情地接待了我们。

获密歇根大学荣誉科学奖后，郑作新与美驻华原大使和该校校长合影。(1981年)

我的母校密歇根大学对于我的到来非常重视。校长H.T. Shapiro和生物系主任等高兴地在校门口欢迎我。

　　事前校董会决定授予我"荣誉科学奖"，系里得讯后，立即在理学院礼堂召开大会。海报贴出后，师生涌向礼堂，座位已满，后来的人只好站着，内有不少中国留学生。仪式由校长亲自主持，他和院长、系主任先后讲话，简单介绍并致祝贺，伍德科克教授也赶来致辞祝贺。会上校长给我颁发了荣誉科学奖状，然后我发言致谢，摄影留念。

　　晚上，系主任及夫人在一座古色古香的餐馆举办宴会，邀约师生二三十人参加。大伙儿谈古论今，畅乐之至。

　　这期间，美国各地华侨与中国留学生都在举行国庆的纪念活动。我们代表团也参加了一些庆祝会。在异国他乡，我们深感海外侨胞爱国思乡感情之深切。

海峡两岸的深情

　　早年在闽江口、连江县川石岛采集时，我就知道在东边不远处就是我们的宝岛——台湾。但是，甲午战败后台湾被割让给日本，成为日本的殖民地。在那样的情况下，我是想去但是不能去的。他们是不让我们去的。

　　1948年底，大陆解放前夕，倒是有人动员我去台湾，而我却选择留在大陆，当时的台湾我是能去而没去。

　　以后两岸对立，在国际会议上为防止制造"两个中国"的阴谋，两岸学者在国际会议上是难于谋面的。

　　1980年以后，我参加一些国际学术活动，在英、美、日、澳等国访问，就开始与台湾亲友恢复往来，有时我路经香港，台湾亲友会专程到香港看望我。而在这时，也有台湾学者像颜重威教授通过日本友人向我咨询有关鸟学问题并索要资料。台湾这个这么亲切而又陌生的地方，往来还靠第三方传递，实是不便，我想何时才能"破冰"建立更密切的联系呢？

　　台湾解禁之后，两岸学者来往开始频繁起来。1994年台湾召开第一届两岸鸟类学研讨会时，台北市野鸟协会刘小如研

郑作新夫妇（前左）与台湾世新大学董事长、协和大学旅台校友会会长叶明勋，著名作家、严复孙女严停云夫妇（后排右二，右四）在北京合影。前右为萧乾夫妇。（1993年）

究员曾专程来北京邀我出席大会。

当年，我虽然已经很久没有离开北京到外地考察了，甚至也改为在家中工作。但我还是很高兴受到邀请，并开始做赴台前的准备。一是让孩子帮我收集有关台湾目前情况的材料（如书籍、报刊）；二是与在台亲友、尤其是在台湾的原协和大学校友联系，他们得知我将赴台，十分高兴，像叶明勋曾来信表示，他将为我提供专车，为我在台出行提供方便；三是准备在研讨会上进行交流的论文《台湾省鸟类区系及其与附近地区的比较》。我甚至还耐着性子填写了台湾当局很繁琐的入境登记表。但临行前根据医生意见，科学院领导认为我患有高血压、心脏病等疾病，在没有医疗保障的情况下，不宜长时间乘坐飞机出行。这次是请我去台湾，是我自己已力不从心，是能去而去不了了。我想飞机如果不必绕道香港，而是直飞台北，旅途就不会太辛苦，我还是有可能前往的，可惜"三通"尚未实现。我只有托同事带去我的问候，台湾《民生报》1994年1月15日曾刊登记者朱家莹的文章《国家级鸟界耆老未能访台》表示"遗珠之憾"。其实我也深感遗憾。

从那以后，两岸鸟类学交流日益频繁，他们经常趁到大陆开会或考察的机会到北京来看望我。我也经常托他们捎去新出版的著作与资料。

到了1996年，在内蒙古召开第二届海峡两岸鸟类学研讨会时，他们还专门在《中国鸟类学研究》的论文集封面上冠以"郑作新院士90华诞暨第二届海峡两岸鸟类学术研讨会纪念"的副标题。两岸情深，在此已是"不言自明"的。

郑作新在家中会见台湾友人佘如李先生。 *(1995年9月)*

寄厚望于青少年

　　我国以地大物博著称于世。国内自然条件非常繁杂，包括着两个动物地理界，所以鸟兽资源十分丰富。我国现已知鸟类有1244种，数量之多为世界各国所少见。但是，我国从事鸟类研究的工作人员仅有300—400人，这与我国丰富的鸟类资源是很不相称的。（英国虽然只有几百种鸟，可研究鸟类的科学家就有一万多人，印度鸟类志已经先后出版了四个版本。我们中国连一套还没出齐。这种落后状况是与我们这个文明古国、一个社会主义国家的地位很不相称的，必须尽快改变。）依靠大专院校和研究院培养专业人才，当然是基本的途径。这几十年来，我也亲自培养了几十名鸟类学的进修生、研究生与博士生。他们有的已成为教授级专业人员。他们是国内研究鸟类学专业队伍的一部分。但是，这样的专门人才队伍，短时间内还不可能迅速扩大。

　　因此，我还十分重视从事鸟类知识的普及工作。除亲自写文章介绍有关鸟类知识和宣传爱鸟、护鸟外，还经常参加青少年的科普活动，我期望通过这些工作，提高全民的科学意识，也期望在青少年中会涌现更多的专门人才。

记得1983年北京少年宫在京郊金山组织夏令营时，我曾应邀参加他们的营火晚会。在篝火旁，我应营员的要求，兴致勃勃地介绍了鹰与鹫的区别。

实际上，鹰与鹫都属猛禽，而且是日出性猛禽。夜出性猛禽是指猫头鹰。凡是猛禽都有钩曲的嘴形，锐利的眼睛，强大的飞翔能力和尖利的钩爪。鹰的体形中等，上嘴具弧状垂。鸢（俗称野鹰）体形较鹰大，上嘴缘亦具弧状垂，在常见猛禽中只这一种鸢尾呈叉状。鹫的体形更大，腿无羽，其中兀鹫头顶裸出，或仅被以绒毛，显得凶猛难看，尾呈扇形。

猛禽在空中飞翔，通常离地面很高，观察时，它的嘴形、脚的颜色是很难看清楚的。因此，在识别时应注意：

1.比较尾形。猛禽尾的末端看起来是平平的，且略微凹入或呈平整形、扇形。猛禽中只有老鹰（学名：鸢）的尾羽呈凹入形。

2.比较翼及尾羽的长短。翼窄长而尾亦长为老鹰；翼宽长而尾短者为鹫类和鸳类；翼宽短而尾长者为鹰类（如苍鹰）；翼窄长而末端尖、尾羽长者为隼。

3.注意翼和尾之长短比例后，大致可确定它属于哪一类猛禽，然后再看尾羽和翼下斑纹的条数和宽窄。只有老鹰翅下可见两块白色块斑。

最后，我告诉大家，辨认飞行中的鹰与鹫是最困难的，极富挑战性。夏令营营员听得津津有味，我想他们明天必定会仰头辨认高翔的猛禽。

1984年，我还受北京少年宫之邀，在北京市青少年爱鸟周的大会上给少先队员讲解有关鸟类的知识。我带着许多鸟类标本，一一向小朋友展示。许多珍贵的鸟类是他们从未见过的。所以他们瞪大眼睛，个个听得津津有味。会场上不时发出感叹声和喜悦的笑声。会后，不少小朋友拥向讲台，他们既想仔细看看标本，又想让我签名，作为纪念。每到这个时候，我总是很高兴，感到鸟类学的研究工作后继有人，而且相信，随着人民生活水平的提高与科普宣传的深入，爱鸟的风气也会形成。

像这样的活动，我还参加过许多次。

1992年5月，北京第一师范学校邀我参加他们的科技节，当年我已86岁，原本不应外出参加社会活动。但是，想到这是一个与未来的小学教师会面的机会，我还是决定由老伴陈嘉坚陪着，参加这次科技节活动。

我们在北京第一师范门口受到数十人组成的铜鼓乐队的夹道欢迎，对我来讲，在国内学校受到这样的欢迎还是首次，我感到当今学生的校园生活比原来丰富多了。

在学校的科技成果表彰大会上，我看到许多小学生（由北京一师学生辅导的）因自己的科技成果获得各种奖励，心情振奋，觉得自己也年轻了许多。我即兴讲话："希望你们做到'三实'：一是忠实，就是忠于国家忠于党，也就是说要热爱我们的祖国；二是务实，就是要有事业心，热爱我们所从事的事业；三是踏实，就是要根据国家需要，踏踏实实地做好工作。"这"三实"，实际上也是我一生遵循的原则，我也希望青少年朋友能这样要求自己。

在一师校园参观时，我看到了师生们制作的许多动植物标本，其中有一只苍鹭。老校长葛守熙介绍说，这是她当飞行员的儿子在杭州降落时撞死的，后捡回做了标本。

这种飞鸟与飞机相撞事件，即所谓"鸟撞"，往往造成机毁人亡的严重后果。历史上"鸟撞"的最早记录是在1912年，美国飞行员卡尔洛德杰驾驶的飞机在加利福尼亚上空与一只海鸥相撞，导致机毁人亡。现在"鸟撞"事故每年都发生多起，大多发生在飞机降落期间，偶尔也有飞机与迁徙鸟群相遇。这已引起各国航空部门和鸟类学家的关注。人们采取许多办法，预防这种潜在危险的发生，如选择合适的机场场址；在机场及其附近驱鸟以及科学地安排机场导航、飞机航班、飞机起降时间与方位等。总之，防止"鸟撞"是我们研究的一个新课题。

随着人类社会的进步，我们对鸟类的研究领域也必然会不断拓宽和深入。因此，我很盼望有更多的青少年朋友来从事这项工作，也希望有更多的青少年朋友来关心这项工作。

郑作新为"我爱大森林智力竞赛"一等奖获得者叶迈同学签名留念(1986年)。

做时间的主人

　　我信奉"谁要放弃时间，时间就会放弃他"的格言，实际上这也是我在事业上能取得成功的经验。

　　人的生命是有限的，所以要抓住生命的每一分钟，尽量多学习，努力多做工作，从而成为时间的主人。

　　我长期形成早睡早起的习惯，一日三餐总是荤素搭配，从不挑食，就是在节日中遇到美味佳肴，也是食有定量，不暴饮暴食，且烟酒不沾，没有不良嗜好。我的生活方式是科学的，所以身体一直很好。再加上年轻时经常在野外进行艰苦的考察工作，跋山涉水，几乎走遍祖国的山山水水，身体得到锻炼，从而有饱满的精力从事科研工作。健康的身体是我进行科研工作的物质保证，也是我得以做时间的主人的物质基础。

　　年轻时，由于需要在野外观鸟，已经养成早起的习惯。到动物所工作后，几十年来，我每天5点左右就起床，自己做早餐，大约6点左右到研究室工作。每天传达室的师傅总为我提前开门，迎接我这个第一个上班者，直到80多岁时因患心脏病，医生不让我上班，只好改在家中工作。这样我每天多争取了两个小时。

时间对每一个人都是公平的，你只有抓住它，才能成为时间的主人。伟大的生物学家达尔文说过："完成工作的方法是爱惜每一分钟。"我就是这样实践着的。我从事科学研究工作时，一天三个单元（指上午、下午及晚上）都是在研究所里度过，周末及节假日也不例外。领导知道我大年初一也要到所里上班，所以，每年春节总是特别关照保卫部门，除夕封门时别封我的办公室。每天早上研究所的锅炉要到7点半才供应开水，所以我上班时要从家里带一只暖瓶去。清早街上行人稀少，只有我手抱暖瓶往所里走，这在当年已成为大伙儿所熟悉的一道风景。

我是一个默默工作的人，信奉俗话说的"勤能补拙"。我

郑作新在研究室工作（1979年）。

认为科学是老老实实的学问，来不得半点虚假。在野外考察时，我总是凌晨4时许起床，独自上山或到林间，因为天刚亮时，鸟儿最多，也非常活跃。我一面观察，一面作记录，心情愉快，工作2—3个小时后才回去吃早饭。有时助手们跟我一同前往，工作起来就更高兴了。

我十分珍惜时间，当我50多岁患高血压病时，我还是坚持工作，舍不得休息。当时医生总给我开休息一周的假条，而我总是取了药，将假条收起来，从来不交。我认为休息就是放弃时间。

有一次到北京医院体检，医生诊断我有严重的心脏病，要我马上住院治疗。当时我对医生说："我还能不能工作？仅仅为延长寿命又有什么意义！"医生安慰我道："郑老，只要你好好与我们配合治疗，你还能工作10年、20年哩！"

住在病房里，成天躺着，除有医生护士精心治疗护理外，老伴也日夜守在病房。我不习惯这样的生活，等病情稍好转后，就让家中子女来探视时，把资料、信件带到病房。我又开始写作、修改稿件、复信和接待来访，用电话安排研究生的学习与工作……不久，已稳定的病情又发生变化，医生禁止了我的一切活动，只许我静卧在床，并谢绝探视。我只好服从医嘱。过了几天，我向医生提了个请求，希望允许我听听收音机。医生认为听音乐对康复有益，同意我用收音机。

我有收音机为伴，生活就充实多了。除了听新闻、音乐外，我还不断收听与工作有关的专题报道和信息。住了8个月医院，工作了8个月。我心想，如能再活一年就可以清理一切工作。其实，我于1988年出院后，除清理工作外，年年仍在写作出书。越到老年，我越深切地体会到人生有限，事业无穷。

建国以来，领导多次给我去庐山、青岛、桂林、杭州等地疗养的机会。我除了一次去北戴河疗养一周外，其他地方我都因为舍不得时间而放弃了。我多次到各地考察，却未去过当地的名胜参观，对此我至今也不感遗憾，因为我得到的是时间，这也叫有所失才有所得吧！

当然我也懂得休息娱乐的重要。工作需要抓紧，大脑也需要调节，劳逸结合，工作才能出成绩。年轻时我爱运动，年老了我就靠听听音乐、看看地图、散散步等来调节生活。随着年事增高，更有一种紧迫感，特别是想到"文化大革命"耽误了我整整10年的时间，我总想用加倍努力的办法来补回。

在半个多世纪的时间里，我做了大量的野外考察、搜集资料、整理研究的工作。我写下的著作，计有研究专著20部，专业书籍30多本，研究论文130余篇，科普文章250篇以上，总计约1000多万字。我最大的心愿就是要给国家和后人留下一点有用的东西。

郑作新院士90华诞。 *(1996年)*

我的业余爱好

  我是十分珍惜时间的，经常节假日都不休息。但是我并不是书呆子，我在十分繁忙的工作之余，也有丰富的业余生活。

  如前所述，我在大学念书以及开始当教授时，经常打网球，有时也去游泳与跳跳交际舞。

  当我患高血压以后，我就不再进行剧烈的体育活动，但是打桥牌、下象棋、打乒乓球还是参加的。

  最值得我回忆的是，我从年轻时就开始的集邮活动，尤其是在抗战时期赴美国任客座教授时，有点收入但又很难将钱汇回国内，我就将当时的收入在美国集邮公司购买一些中国早期的邮票。所以我的集邮史可不短，对当时的邮票还有些辨认能力。例如，民国时期的帆船邮票，就有北京老版、北京新版以及伦敦版的区别。邮票纸张、齿孔以及图案的细微差别是集邮爱好者研究邮票出版史的依据，对此我也是很认真、很投入的。

  实际上集邮犹如科学研究一样，也要搜集资料、进行分析研究，它可以培养我们的审美能力，也会拓宽我们对各国政治、历史、地理、艺术、以及动植物的了解。我在集邮中培养的这种能力迁移到对鸟类的研究中，有助于我发现一些鸟类的新亚种！我认为有意义的业余生活是与自己的本职工作相互促进的。

正因为我有这段集邮的历史，1988年当中国科学院成立集邮协会时，我被推荐为会长、以后是名誉会长，我也曾在《集邮知识》杂志上发表过《集邮使我们进入大千世界》的短文，我认为集邮活动能够达到"方寸看世界，集邮爱祖国"的宗旨，因此，集邮是一项有意义的社会活动。

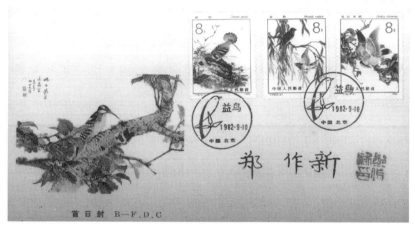

1982年，我国开展首届"爱鸟周"活动后发行益鸟邮票首日封。此为郑作新的集邮藏品。

家　规

　　人们生活在社会上，总会遇到公与私、个人与事业种种矛盾的考验，公与私、个人与事业既有联系又有矛盾，我的处理原则是一切以事业为重。这是我的处事准则，也成了我们的家规。

　　自建国以来，我前后出国执行科学任务10余次，每次出国都要为国家节约一些外汇，并如数上缴。我在国外生活很俭朴，很少在餐厅就餐，而是到附近的自选商场购买一些面包、水果、鸡之类的食品回房间吃，这就节省了不少伙食费。有时受对方邀请，赴广播电台、大学、研究机构作学术报告，对方赠给我一些书刊或纪念珍品，我总是把赠礼带回上交。有人不理解，认为私人之间礼尚往来，这些不算是国家财产。也有人认为我出国多次总该为自己添置几大件。事实上，我家中的彩电是国外亲友赠送的，并不是用出国经费购买的。

　　记得有一次我作为政府的一个代表团成员赴美考察，持的是政府护照，享有免检待遇，携带家电用品入境可以免税。老伴和孩子们到机场接我时，看到不少人带着电视机、录像机通过大厅，而我们这个科学家代表团，一个个都抱着成捆的书出来。海关的同志说：这是真正的科学家的代表团。我把飞机上赠送的钥匙链送给了最小的孙子，把路过香港时用东道主送的零钱买的两盘学英语磁带，给了小儿子。他们都知道我决不会用节约的经费为自己买什么东西。

抗战期间我在美国担任客座教授，曾在美国购买了人寿保险，多年来由于美国政府的冻结、封锁，这笔款滞留在国外。中美建交后，我委托中国银行将这笔款取回存入国内银行，我认为这样做有利于国家。

我有着广泛的海外关系，凭借这些关系，是可以解决我子女到国外留学、进修的问题的，但我认为子女有自己的工作单位，他们的进修学习应由所在单位解决，而我要解决的是工作助手、我的研究生到国外参观、进修以及参加各种与鸟类有关

郑作新在家中工作。 *(1993年)*

郑作新夫妇与子女在一起。

会议的问题。我为他们发函联系，帮他们办理手续及进行行前准备。我从未为子女的出国操过心，他们出国参观、进修、讲学都是由单位选派的。

我每次从国外带回的图书总是交动物所图书馆保存，我还经常与国外同行交换资料和图书，有时获得一些珍本。这些书靠图书馆有限的外汇来购买是很困难的。我带回的有些书还是国内的孤本。对于这些珍贵资料，我从来没有据为己有，相反，同行、学生借用、复印我都尽量提供方便。当我年满90岁时，我将自己全部科学藏书（除手头要用的以外）赠送给动物研究所图书馆，我想让这批书发挥更大的作用。

我研究鸟类几十年，家中从来没有陈设过一个鸟类标本，这并不是因为鸟类标本没有摆设的价值，更不是因为手头没有珍稀的鸟类标本。记得1992年春节前后，一位德国工程师送来一只雕鸮标本。这只雕鸮两翼展飞，雄伟无比，它的造型就是用来摆设的。孩子们都希望能在家中摆几天，寒假后再送回动物所标本室，而我执意要马上送到单位。

每次让子女帮忙回复国内外同行、朋友、学生的来信，我也总是再三交代哪些信件回信时可用公家的信笺、信封，哪些应该用自己购买的。外国同行寄来的书刊及科学资料，属于公用资料交流的，我立刻交公。在公私问题的处理上，我从不含糊。

1953年，我的大儿子郑怀杰高中毕业，已考上北京钢铁学院。但是，北京市教育局鉴于师资缺乏，要从应届高中毕业生中留下一批学生从教，儿子想响应号召留校工作，征求我的意见。我认为到大学深造，今后才能为国家多作贡献，但我理解孩子那种爱国热情，最后还是同意他留校当了中学教师，现在他已是中学校长了。我的二儿子郑怀竞，1968年从北京医学院毕业，分配到宁夏轴承厂当厂医。那里条件艰苦些，但我认为既然是工作需要，就应安心在基层工作，一直没托关系让他回北京。8年后按解决两地分居的政策，他才回到北京。

这几年有种说法，认为以事业为重、服从组织分配是吃亏了。要知道社会在发展过程中总是前仆后继的，只有当成员的奉献大于索取时，社会才能有积累，才能发展，从这个意义上讲，吃亏是正常的，应该的。我的大儿子在普教战线奋斗了40多年，多次被评为模范、市优秀教育工作者，这也算是社会给他的回报吧！二儿子经过20多年的努力，现已晋升为教授。从他们身上我感到不是"服从分配""以事业为重"就吃亏，而在于自己怎么干。正是因为有许多人从事着祖国需要的事业，默默无闻地辛勤工作，为人民共和国添砖加瓦，我们才有幸福的今天。

　　我对待工作、对待生活的态度也成为我的家人为人行事的态度。我因为为人"刻板"，当然也得罪过人，但更赢得许多人的尊敬与推崇。我的学生总感到在我这里不但能获得知识、获得从事科研的能力和思路，更能懂得许多为人处事的道理，感受到一种人格的力量。

郑作新夫妇参加北京民政局举办的金婚佳侣婚庆活动。（1992年）

  每当我有新书出版或获奖时，动物研究所的同事总对我说："郑老，你事业上的成就，有一半要归功于师母。"我的确有位"贤内助"，有个温馨、和睦、四世同堂的大家庭。我的家人为我的研究工作创造了一个良好的家庭环境。

  我的夫人叫陈嘉坚，我俩相识在福建协和大学。当时我是大学教授，她是协大附小的老师，以后是校长。1934年她考上南京金陵女子大学生物系。1935年正月初六我们结婚时，有人议论，说我们不般配，他们不了解我有自己的择偶标准。

  我不愿找富贵人家的姑娘，更不愿与打扮得花枝招展、注重修饰的姑娘结合。我喜欢嘉坚庄重、文静，她身材修长、朴素大方、举止文雅、心地善良，与我志同道合。婚后，60多年的风风雨雨，有坎坷和坦途，有挫折和成功，有困难的磨炼和胜利的喜悦，我们都相依为命，同甘共苦。对事业执著追求、对爱情忠贞不渝是我们婚姻的基础。

  婚后的嘉坚，除了继续任小学校长、料理家务外，还倾尽全力帮助我进行科研工作。她晚上到我办公室去"陪读"，做

结婚照。（1935年春节，福州）

整理资料、画动物画等工作，周日帮我逮青蛙做实验，有时还陪我打网球。

有了孩子后，她辞掉工作，悉心照料孩子。为了让我专心从事研究工作，她包下了全部家务，看望父亲、继母及年事已高的奶奶，安排和资助弟弟妹妹的学习，人来客往的应酬，招待学生来家聚会、学做西点等等，全是她的活。几十年如一日，她任劳任怨。

抗日战争爆发后，学校内迁邵武。当时我们只带上些衣服和书籍，锁好家门，以为几个月就可回家，谁知一去就是几年。几年后回家一看，屋里被洗劫一空，我们只好重建家园。抗战期间，我一个人的工资不能维持一个大家庭的生计，嘉坚只好到小学去任教，同时她还发动家中老小种菜养猪、养鸡，以补贴家用。

记得1950年3月，嘉坚一人从南京到北京，我到火车站去接她。出站时，因她所带行李超重，要补交费用。我俩摸完衣服上的口袋，就是凑不够超重行李的补款。我突然想起身上还有一张出版社寄来的领取稿费通知单，于是前往距前门火车站不远的商务印书馆会计室，支取了稿费，再回到火车站取行李，这样我才与嘉坚一起回到了家。

当时单位分给我一处住房，是在东城一个旧庙里。房里打了隔断，好几家人一起住。我们所需的家具大多是从旧货市场买来的。

那年8月，孩子们从福州来到北京。住房拥挤，生活艰辛，但全家互相关心，彼此谦让，生活很愉快。以后嘉坚参加全国妇联工作，虽然也是供给制，但生活得到改善。

1951年，中国科学院分给我位于西城区石板房胡同的三间平房，居住条件大为改观。房间很小，我把一切工作都带到办公室去做。晚饭后，我宁可步行20分钟，也要到文津街的办公室去工作。1955年，科学院在中关村盖了动物研究所、数学研究所几座大楼，也盖了大批宿舍楼，我分到五间一套的新居，加上调整了工资，生活水平有很大提高，衣着、家具也逐步更新。条件好了，我还是习惯于到办公室去工作，真用得上一句话："一心扑在工作上。"家里的事全靠嘉坚操持。

从50年代到60年代初，我经常外出考察，像只"候鸟"似的从春到秋奔赴各地山林，嘉坚每次都帮我准备行装。直到雪花飘落时，我才回到家里，当时一切家务我是无暇过问的。

"文化大革命"时，我被关进"牛棚"，每月只发33元生活费；大儿子也被隔离审查，每月发20多元生活费。嘉坚一方面紧缩开支，另一方面只好动用近几年的积蓄，因为那时我有两个儿女还在念大学，3个孙子还幼小，家里仍需请保姆照看。

经济上的困难还是可以克服的，精神上的负担却很沉重。嘉坚怕我这个人心直口快，思想不易转弯，要遭受皮肉之苦，

郑作新参加1997年院士年会。这是他生前最后一张正式照片。

又怕我患有高血压病，经受不起无情的批斗，每日总是担惊受怕，慢慢她开始神经衰弱，通宵睡不着觉。

有一天，单位派人到家送工资，她在签收时写上"要相信群众、相信党"几个字。我看了她写的这几个字，感到无限慰藉。以后允许家属给我送药，她在熬降血压的松柏叶汤时，掺上牛肉汤、鸡汤，好让我补补身子。半年后，我被"解放"，回到家，两人相见，激动得说不出话来，只听她说："回来就好！回来就好！"

1966年8月，红卫兵破"四旧"时，抄了我的家，他们让我穿上博士服、戴上博士帽在阳台上示众，把家中的钢琴、沙发、电视机、衣柜、棉被及衣物装上一辆大卡车拉走了，最让我心疼的是抄走了我近几年才买的新式打字机。嘉坚安慰我说："只要有了钱，第一件要买的东西就是打字机。"妻子的理解给了我度过艰难岁月的力量。

　　1971年，嘉坚退休后，把主要精力投入到协助我的研究工作中去，帮我画图、查地名、打字、抄写、编目录和索引。1990年后，由于我患白内障，视力很差，写作时字迹很潦草。见此情况，70多岁的她开始学电脑，帮我打印稿件。在她的协助下，我的《秦岭鸟类志》（1973年）、《中国动物志·鸟纲——鸡形目》（1978年）、《中国动物志·鸟纲——雁形目》（1979年）、《西藏鸟类志》（1982年）先后出版，以后我又陆续出版了《中国动物志·鸟纲》第11卷、第6卷、第10卷；《中国鸟类区系纲要》（英文版）、《中国经济鸟类志》（增订版）、《中国鸟类·种和亚种分类名录大全》等书。这些书是我们共同辛勤劳动的成果。

　　1987年后，我因心脏病两次长期住院，她总是日夜守候在我身旁。她那时也70多岁了，并患有冠心病。她带病精心护理我，儿女们要替她一天都不行，她怕耽误

郑作新夫妇荣获全国百对金婚佳侣奖后合影。（1989年，北京）

郑作新在家中（1993年）

儿女们的工作。1991年她一人在医院陪住了8个月。当她扶着我在楼道散步时，人们投来赞叹的目光，有人说这是一对恩爱的老夫妻。

由于我们事业上的成就，以及相亲相爱地走过了54载光阴，在1989年全国"金婚佳侣"评选纪念活动中，我们被评为全国百对"金婚佳侣"之一。

在10月8日的发奖大会上，嘉坚代表全国103对得奖者致谢词。当天中央电视台作了报道。我们的事迹被中央电视台摄入电视片《半个世纪的爱》中，数次在电视台播放，《中国妇女报》也作了详细报道。为此，我们收到各地亲友的许多贺信。

1992年3月，北京紫房子婚礼中心为在京的金婚佳侣举行了隆重的金婚仪式，邀请我俩参加。仪式上要互赠礼物，我便把保存了50多年的心爱的"金钥匙"赠给嘉坚，而嘉坚回赠的是一支金笔，这是我日常离不开的"武器"。我俩携手高举致谢的照片，被刊登在1992年3月8日的《光明日报》头版的右上角上。

今年已是我们结婚第63个年头了。在婚姻生活中，最动人的一幕也许还不是最初时那如醉如痴的爱恋，而是步入晚年后，夫妻之间的依恋和理解，这是不能用语言来表达的。

我们夫妇对鹤有着特殊的感情，我出席重要的会议也都爱系上绣有一只仙鹤的领带，因为在飞禽家族中，形影相随的鸳鸯，只是做表面文章的夫妻，而一对仙鹤夫妇，它们之间的爱情是终生不渝的。

郑作新在动物所研究大楼前。（1987年）

　　湖南少年儿童出版社计划出版《大科学家讲的小故事》丛书，这是有远见卓识之举。普及与提高科技知识也要从娃娃抓起。编辑邀我撰稿，盛情难却，但也有心有余力不足之感。我已进入耄耋之年，要把仅有的一点精力用在编写《中国鸟类志》上，加上视力不好，每天依靠放大镜工作，写作很艰难。但是，看到中共中央、国务院颁发的《关于加强科学技术普及工作的若干意见》，加上全国科学大会上提出"科教兴国"的战略，我认为向青少年朋友传播科技知识、宣传科学思想、科学精神以及从事科学研究的态度与方法，是我们老一辈科学工作者应尽之职，因此就忙里抽空写了一些，说了一些故事，幸有我的儿子郑怀杰及儿媳杨群荣帮我整理、抄写，再经我审阅修改才完成此稿。

　　其实，我在这里讲的都是我亲历的故事。我在讲（写）这些故事的同时，也在想：我国的鸟类学在你们的继续努力下，还会得到更大的发展。人们憧憬的"莺歌燕舞"的时代，必将到来。到那时，人们将生活在一个"鸟语花香"的氛围中，生活在一个和谐、优美的环境里。

　　希望这本书能对青少年朋友增强科学意识、增加科学知识有所帮助，更希望青少年朋友能在21世纪，将祖国的科学事业推向一个新的高度，将祖国建设得更美好。

郑作新

1996年12月

郑作新夫妇(左3,左2)与郑怀杰夫妇(左1,左4)合影。 (1996年)

出 版 说 明

　　《大科学家讲的小故事》丛书有五种，是在 1997 年纯文本基础上添加图片、修改文字而成。纯文本图书上市后，受到读者喜爱，产生很大社会影响，1998 年先后获第四届"国家图书奖"和中宣部"五个一工程·一本好书"奖。

　　十年过去，丛书作者苏步青、王淦昌、贾兰坡、郑作新、谈家桢等大科学家先后离开人世。今天重读大师作品，仍然感动。本次出版基本保持原书文字，每种图书增加数十帧照片，使图书更通俗，更具史料价值。

　　让我们在阅读中感受大科学家们热爱祖国，无私奉献的高尚品德。

编者
2009 年 12 月

图书在版编目（CIP）数据

与鸟儿一起飞翔／郑作新著．—长沙：湖南少年儿童出版社，2009.11
（2017.8 重印）
（大科学家讲的小故事丛书：插图珍藏版）
ISBN 978－7－5358－4930－4

Ⅰ. 与… Ⅱ. 郑… Ⅲ. 鸟类—青少年读物　Ⅳ. Q959.7－49

中国版本图书馆 CIP 数据核字（2009）第 210668 号

与鸟儿一起飞翔

责任编辑：冯小竹
装帧设计：多米诺设计·咨询　吴颖辉

出版人：胡　坚
出版发行：湖南少年儿童出版社
地址：湖南长沙市晚报大道 89 号　　邮编：410016
电话：0731－82196340（销售部）　　82196313（总编室）
传真：0731－82199308（销售部）　　82196330（综合管理部）

经销：新华书店
常年法律顾问：北京长安律师事务所长沙分所　张晓军律师
印制：湖南天闻新华印务有限公司
开本：880mm×1230mm　1/32
印张：5.625
版次：2010 年 1 月第 1 版　印次：2017 年 8 月第 33 次印刷
定价：10.00 元

版权所有　侵权必究
质量服务承诺：若发现缺页、错页、倒装等印装质量问题，可直接
与本社调换。
服务电话：0731－82196362